वैज्ञानिक खेळणी

डी. एस. इटोकर

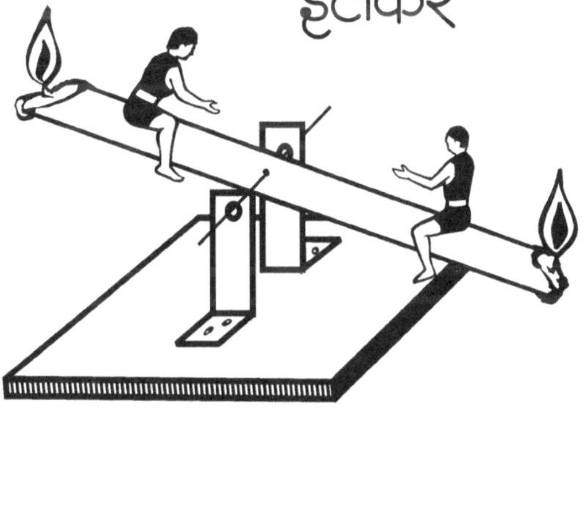

मेहता पब्लिशिंग हाऊस

All rights reserved along with e-books & layout. No part of this publication may be reproduced, stored in a retrieval system or transmitted, in any form or by any means, without the prior written consent of the Publisher and the licence holder. Please contact us at **Mehta Publishing House,** 1941, Madiwale Colony, Sadashiv Peth, Pune 411030.

© +91 020-24476924 / 24460313

Email : info@mehtapublishinghouse.com

      production@mehtapublishinghouse.com

      sales@mehtapublishinghouse.com

Website : www.mehtapublishinghouse.com

♦ *या पुस्तकातील लेखकाची मते, घटना, वर्णने ही त्या लेखकाची असून त्याच्याशी प्रकाशक सहमत असतीलच असे नाही.*

VAIDNYANIK KHELNI by D. S. ITOKAR

वैज्ञानिक खेळणी : डी. एस. इटोकर / विज्ञानविषयक

© डी. एस. इटोकर

    वॉर्ड नं. ४, राऊतवाडी,

    मु. पो. ता. चिखली, जि. बुलढाणा - ४४३२०१.

प्रकाशक   : सुनील अनिल मेहता, मेहता पब्लिशिंग हाऊस,

              १९४१, सदाशिव पेठ, माडीवाले कॉलनी, पुणे - ४११०३०.

मुखपृष्ठ   : बाबू उडुपी

प्रकाशनकाल : फेब्रुवारी, १९९२ / जुलै, १९९३ / फेब्रुवारी, १९९७ /

             फेब्रुवारी, २००१ / जून, २००७ / मे, २००९ / मार्च, २०११

             सप्टेंबर, २०१२ / मार्च, २०१४ / पुनर्मुद्रण : ऑक्टोबर, २०१७

P Book ISBN 9788177661309

E Book ISBN 9789386888204

E Books available on : play.google.com/store/books

                       m.dailyhunt.in/Ebooks/marathi

                       www.amazon.in

लेखकाचे दोन शब्द

आजच्या विज्ञान युगात विविध क्षेत्रांत अनेक तंत्रज्ञाने वापरलेली आहेत. त्यांची ओझरती का होईना, लहान मुलांना कल्पना यावी व त्यांच्या सर्जनशीलतेला त्या दिशेकडे वळवून विज्ञानाची आवड निर्माण करावी व त्यातून त्यांचा बौद्धिक विकास घडावा, प्रत्यक्ष ती वस्तू व त्याचे तात्त्विक ज्ञान यांची सांगड घालावी, हा हे पुस्तक लिहिण्यामागील मुख्य हेतू आहे.

यांतील सर्व प्रयोग मी स्वतः करून सिद्ध केले व मग लिहिले. ज्या मुलांना काहीतरी करावेसे वाटते पण नक्की काय करावे, हे त्यांना किंवा त्यांच्या पालकांना सांगता येणार नाही, त्यांच्यासाठी हे पुस्तक नक्कीच मार्गदर्शक ठरेल व ही 'वैज्ञानिक खेळणी' तयार करता करता त्यांमागील सिद्धांतांचा संबोध स्पष्ट होईल.

माझे हे पुस्तक वाचून राष्ट्रपती पुरस्कार विजेते मुख्याध्यापक श्री. बिडवे सर यांनी मला काही मौलिक सूचना दिल्या. तसेच आमच्या येथील श्री. शिवाजी विज्ञान व कला महाविद्यालयाचे प्राचार्य मा. वानखेडे साहेब यांनी माझे कौतुक करून आशीर्वादपर दोन शब्द लिहिले. त्याचप्रमाणे आमचे मुख्याध्यापक श्री. ए. ए. बाहेकरसाहेब, मा. शिक्षणाधिकारी श्री. हिरोळेसाहेब यांनी मला हे पुस्तक लिहिण्यास प्रोत्साहित केले. माझे विद्यालयातील शिक्षकबंधू यांनी माझे मन भरून कौतुक करून उत्साह दिला. निरनिराळ्या दैनिकांत व मासिकांत येणारे माझे लेख वाचून पुस्तक तयार करण्याच्या सूचना दिल्या. त्या सर्वांचे आभार मानून मोकळे होण्याचा माझा विचार नाही. ह्या सर्व वडीलधाऱ्या मंडळींच्या प्रेमाचा ऋणी राहणे मला आवडेल. असो.

छोट्या मंडळींनी यातील खेळणी तयार करावीत व त्यांनी यशाचे आणखी उंच शिखर गाठावे, हीच सदिच्छा.

आपला नम्र
डी. एस. इटोकर
श्री. शिवाजी विद्यालय, चिखली
(जि. बुलढाणा)
दि. ११/१२/८९

आशीर्वाद

लहान मुलांना खेळणी ही मुळातच आवडत असतात. लहान मूल जेव्हापासून खेळू, बागडू लागते तेव्हापासूनच त्याच्या अवतीभोवती दिसणाऱ्या असंख्य चल-अचल अशा वस्तू त्याला दिसतात व निसर्गतःच त्याच्या मनामध्ये त्या वस्तूंबद्दल कुतूहल निर्माण होते. घरामध्ये दिसणाऱ्या पाळीव प्राण्यांकडे - कुत्रा, मांजर, पोपट इ. पाहून तो त्याच्या परीने त्यांच्याशी खेळण्याचा प्रयत्न करतो. बागेमध्ये फुलपाखरू दिसल्यास त्याला पकडण्याचा प्रयत्न करतो.

लहान मूल अनुकरणशील असल्यामुळे ते त्याला जी सजीव, निर्जीव वस्तू दिसेल, ती कार्य ‘कसे करते’ ह्याविषयी त्याच्या मनात कुतूहल निर्माण होते व ते त्याबद्दल विचार करण्यास शिकते. ही निरीक्षण-शक्ती हाच विज्ञानाचा पाया आहे.

श्री. इटोकर ह्यांना मी गेल्या वीस-बावीस वर्षांपासून ओळखतो. ते चित्रकला शिक्षक आहेत. कागदावर वेगवेगळ्या कलाकृती रंगवतात, असे नव्हे तर निरनिराळ्या वस्तूंपासून चित्रशिल्पाची निर्मितीही करतात. या चित्रशिल्पांनाच त्यांनी विज्ञानाची जोड दिलेली आहे.

ह्या पुस्तकामध्ये त्यांनी विज्ञानाच्या तत्त्वावर आधारित चित्रशिल्पे कशी करावीत, हे आकृतींसह स्पष्ट केले आहे. ही चित्रशिल्पे साध्या साध्या घरगुती वस्तूंतून तयार केली जाऊ शकतात व लहान मुलांना सहज करता येतील.

हे पुस्तक शिक्षण विभागाने प्राथमिक शाळांच्या संग्रही आवश्यक करावे. पालकांनीही हे पुस्तक संग्रही ठेवून आपल्या लहान मुलांना ह्या कृती करण्यास साहित्य पुरवून, लहान मुलांची विज्ञानाची निरीक्षण व आकलन-शक्ती सहजपणे वाढविण्यास मदत करावी.

श्री. इटोकरांनी ह्यापूर्वीही ‘प्राथमिक शाळांमध्ये चित्रकला अध्यापन

गतिमान कसे करावे?' हा निबंध लिहून महाराष्ट्र शासनाचे प्रथम पारितोषिक मिळविले आहे. हा 'विज्ञान खेळण्यांचा' उपक्रम निश्चितच कौतुकास पात्र आहे.

नवीन शैक्षणिक धोरणास पोषक असे अनेक उपक्रम श्री. इटोकरांच्या हातून ह्यापुढेही तयार होतील, अशी मला खात्री आहे.

श्री. इटोकर हे आमच्या संस्थेतच कार्यरत आहेत. ह्याचा आम्हांला सार्थ अभिमान वाटतो. त्यांच्या अशा प्रकारच्या उपक्रमांना माझ्या शुभेच्छा!

सि. म. वानखेडे

प्राचार्य,

श्री. शिवाजी विज्ञान व कला महाविद्यालय,

चिखली. (जि. बुलडाणा)

शुभेच्छा

सध्याचे युग हे विज्ञान-युग असून विद्यार्थ्यांच्या स्पर्धेचे युग आहे. वैज्ञानिक व प्रयत्नवादी मंडळी विज्ञान तत्त्वांचा अवलंब करून निरनिराळे प्रयोग व शोध लावून जगाला थक्क करीत आहेत आणि याचा पगडा लहान मुलांवरही होत आहे. मुले ही मुळातच खटपटी असतात. काहीतरी नवीन बनविण्याची त्यांची सारखी धडपड चाललेली असते. अशा वेळी शिक्षक व पालकांनी योग्य साहित्य व उपकरणे त्यांना उपलब्ध करून दिली, तर ही मुले हसत खेळत स्वानुभव व ज्ञानप्राप्ती करू शकतात.

माझे मित्र श्री. डी. एस. इटोकर हे एक प्रथितयश कलाशिक्षक आहेत. निरनिराळी मासिके व वृत्तपत्रांमधून त्यांचे विज्ञानशील गमतीजमतीचे प्रयोग प्रकाशित झालेले आहेत. हे प्रयोग खेळणी म्हणून केले, तर या विषयाची भीती नष्ट होऊन मनोरंजनातून विद्यार्थ्यांना विज्ञान विषयाची आवड निर्माण होईल व ते सुद्धा नवनवीन वस्तू तयार करू शकतील. ग्रामीण पातळीवरही 'विज्ञान प्रदर्शन' दरवर्षी भरवून महाराष्ट्र शासन विद्यार्थ्यांना उत्तेजन देत असते.

आकृत्यांसह कृतीयुक्त प्रयोग असलेल्या या पुस्तकास 'विज्ञान खेळणी' हे सार्थ नाव देऊन सरांनी विद्यार्थ्यांना मोहित केले आहे. त्यातील 'जादूचा नळ', 'डोलणारी बाहुली', 'इंद्रधनुष्य', 'टेलिफोन' ह्या चमत्कृती तयार करताना विद्यार्थ्यांना कमालीचे नवल वाटल्याशिवाय राहणार नाही. हे पुस्तक विद्यार्थी व प्राथमिक शिक्षकांच्या निदर्शनास अवश्य यावे.

हे पुस्तक लिहून राष्ट्रीय शैक्षणिक धोरणास श्री. इटोकर सरांनी सक्रिय साहाय्य केल्याबद्दल धन्यवाद!

उत्तमराव बिडवे
राष्ट्रीय पुरस्कारप्राप्त मुख्याध्यापक,
न.प.प्रा. शाळा क्र. ४, चिखली.

अनुक्रमणिका

हवेची दिशादर्शक भिंगरी

हवेच्या प्रवाहावर चालणारे हे एक खेळणे आहे. ते तयार करण्यास सोपे असून घराच्या उंच भागावर लावल्यास छान दिसेल.

साहित्य :- बांबूची कमटी, बॉलपेनच्या रिफिलचा तुकडा, दोन टाचण्या, काचेचा गोल मणी, कागदाची भिंगरी, पातळ पुठ्ठ्याचे किंवा सेंच्युरी पेपरचे त्रिकोणी शेपूट.

कृती :- पेन्सिलइतकी जाड व गोल अंदाजे ३० सें.मी. लांबीची बांबूची कामटी घ्या. तिच्या एका टोकाला उभी खाच पाडून तीत त्रिकोणी शेपूट उभे बसवा. कामटीच्या दुसऱ्या टोकाला कागदाची भिंगरी टाचणीने बसवा. पूर्ण कामटीच्या वजनाचा मध्य काढा. त्या ठिकाणी कमटी उभी फाकवा व तिथे रिफिलचा तुकडा उभा बसवा.

मातीचा गोळा घेऊन त्याची बैठक बनवा. त्यात एक कमटी उभी बसवा. कमटीच्या वरच्या टोकात एक टाचणी टोक वर करून बसवा. तिच्यात काचेचा मणी ओवा. ह्या मण्यावर पहिल्या कामटीची रिफिल ओवा. ह्या गुळगुळीत मण्यावर आडवी कमटी सहज फिरू शकेल.

हे खेळणे घराच्या गच्चीवर हवेत ठेवा. हवा आली, की भिंगरी फिरू लागेल. हवेची दिशा बदलली, तरी शेपटामुळे भिंगरीचे तोंड नेहमी हवेकडेच राहील व भिंगरी सतत फिरत राहील.

भिंगरी खेळता खेळता आपणांस हवेची दिशा- सुद्धा कळेल.

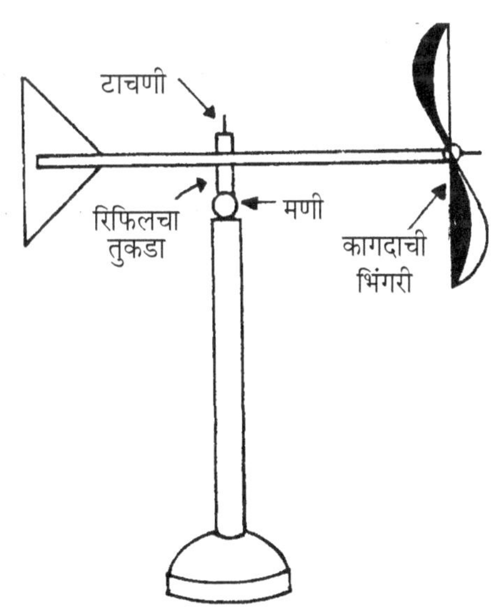

बॉलपेनची भिंगरी

साहित्य :- बॉलपेनच्या दोन रिकाम्या रिफिल्स, बारीक तार.

कृती :- बॉलपेनच्या रिफिलचा १॥ से.मी. लांबीचा एक तुकडा कापा. त्याच्या लांबीच्या मध्यभागी एक छिद्र पाडा. दुसरी रिफिल घेऊन तिच्या बंद टोकाकडून आकृतीत दाखविल्याप्रमाणे छिद्र पाडा. लहान तुकड्याच्या पाडलेल्या छिद्रातून बारीक तार आरपार घाला. त्या तारेत तुकडा सहज फिरला पाहिजे. आकृती पाहा. ह्या तारेची दोन टोके लहान तुकड्याचे एक टोक यावयास पाहिजे.

मोठ्या रिफिलचे मोकळे टोक तोंडात धरून हवा फुंकली, म्हणजे पाडलेल्या छिद्रातून ती बाहेर येते व रिफिलच्या तुकड्यावर आदळते व तो तुकडा तारेभोवती जोराने फिरू लागतो.

अशा तऱ्हेने फेकून देण्याऐवजी आपण रिकाम्या रिफिलचा असा खेळण्यासाठी उपयोग करू शकतो.

घर्षणरहित नाव

साहित्य :- कॅरम बोर्डचा वापरलेला स्ट्राईकर (न मिळाल्यास गोल, चापट लाकडाची गुळगुळीत चकती), लाकडी बूच, मोठा फुगा, सपाट काच.

कृती :- लाकडी बुचाला मध्यभागी छिद्र पाडा, त्याचप्रमाणे स्ट्राईकरलाही मध्यभागी बारीक छिद्र पाडा. लाकडी बूच स्ट्राईकरवर, छिद्रावर छिद्र येईल, अशा रितीने फेव्हिकॉलने चिकटवा. ह्या चकतीवर पातळ कागदाची एक नाव बसवा. ह्या नावेच्या मध्यभागी बूच यावयास पाहिजे. एक मोठा फुगा फुगवून त्याचे तोंड बुचाच्या भोवती घट्ट बांधा व ही नाव पटकन काचेवर ठेवा आणि तिला थोडा धक्का द्या. फुग्यातील हवा लाकडी बुचाच्या छिद्रातून स्ट्राईकरच्या छिद्रात येते व तेथून काच व स्ट्राईकर यांच्या मध्यातून बाहेर पडते. त्यामुळे काच व स्ट्राईकर यांच्यांत हवेचा थर तयार होतो. त्यामुळे घर्षण कमी होते.

अशा रितीने एकदा ढकललेली नाव फुग्यातील हवा संपेपर्यंत फिरत राहते.

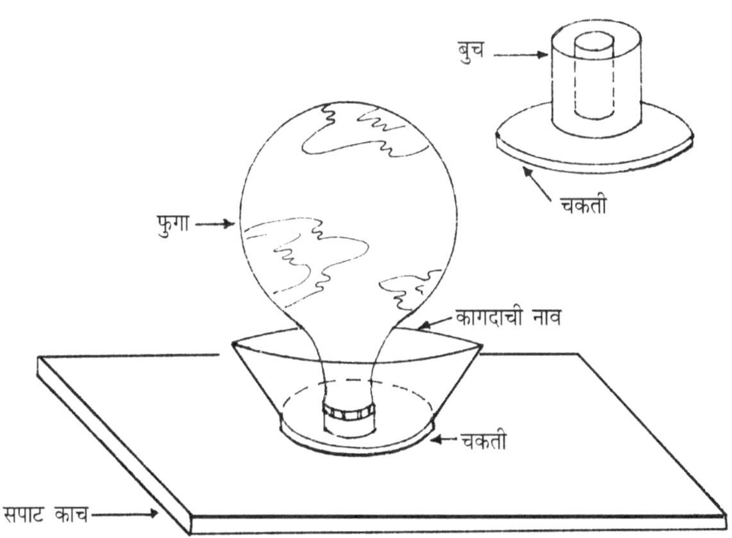

स्प्रे पंप

साहित्य :- काचेच्या किंवा धातूच्या दोन सरळ नळ्या, काटकोन त्रिकोणाकृती प्लायवूडचा तुकडा, रंगीत पाणी.

कृती :- काटकोन त्रिकोणाकृती प्लायवूडचा तुकडा घ्या. त्याच्या काटकोन करणाऱ्या बाजूवर नळी बसवा. ती हलू नये, म्हणून चिकटपट्टीने पक्की करा. दुसऱ्या बाजूवर अशीच दुसरी नळी पक्की करा. मात्र उभ्या नळीच्या टोकावर आडव्या नळीचे टोक यावयास पाहिजे.

उभी नळी रंगीत पाण्याच्या भांड्यात बुडवा व आडव्या नळीतून हवा फुंका. भांड्यातील पाणी वर चढते व आडव्या नळीसमोर येताच त्याचा फवारा समोर उडतो.

आडवी नळी हवा भरण्याच्या पंपाला जोडून व पाण्याचे भांडे उभ्या नळीला बांधून हा पंप काम करू शकेल. त्यामुळे हवा तोंडाने फुंकायची आवश्यकता पडणार नाही.

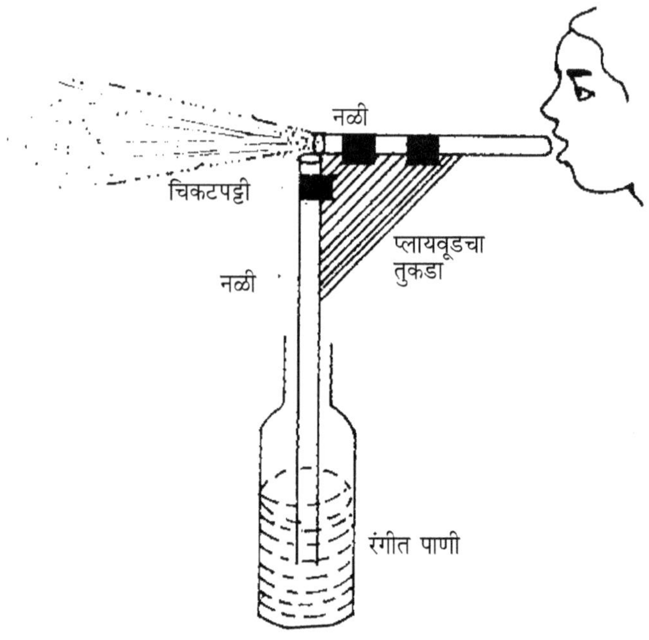

शोभेचा दिवा

साहित्य :- लाकडी बैठक, होल्डर, बल्ब, लोखंडी तार, इंजेक्शनच्या अँपुलचे टोक, सेंच्युरी पेपर, जिलेटिन पेपर, इत्यादी.

कृती :- लाकडी बैठकीवर बल्बचे होल्डर पक्के करा व त्यात २५ वॅटचा बल्ब बसवा. बल्बच्या काचेवर तारेचे वेढे मारून तार वरच्या बाजूला सरळ उभी करा.

बल्बच्या बाहेरून थोडे अंतर राहील, असा एक सेंच्युरी पेपरचा डबा तयार करा. त्याची खालची बाजू उघडी व वरची बजू बंद असावी. ह्या गोल डब्याच्या वरच्या बाजूच्या मध्यभागी छिद्र पाडून त्यात अँपुलचे टोक बसवावे. वरच्या बाजूने छिद्र राहणार नाही, याची काळजी घ्यावी.

यानंतर वरच्या भागाला चार किंवा सहा तिरपी छिद्रे पाडावी किंवा त्यांत कागदाच्या पोकळ नळ्या तिरप्या करून बसवाव्या. म्हणजे आतील गरम हवा फक्त ह्या तिरप्या नळ्यांतून बाहेर पडेल.

गोल डब्याच्या उभ्या बाजूला गोल गोल छिद्रे पाडावी व त्यांना आतील बाजूने निरनिराळ्या रंगांचे जिलेटीन पेपर लावावे. इतके झाल्यावर हा गोल डबा बल्बच्या उभ्या तारेवर ठेवावा. अँपुलच्या टोकामुळे हा सहज गोल गोल फिरू शकतो.

बल्ब चालू केल्याबरोबर गोल छिद्रांतून रंगीत उजेड बाहेर येतो. डब्यातील हवा थोड्या वेळाने गरम होते व ती वरील तिरप्या छिद्रांतून बाहेर पडते व त्यामुळे डब्याला उलट दिशेने गती प्राप्त होते व डबा गोल गोल फिरू लागतो व रंगीत छिद्रांतील प्रकाशसुद्धा रंग बदलत राहतो. अशा प्रकारे हा दिवा आपल्या दिवाणखान्याची शोभा नक्कीच वाढवील.

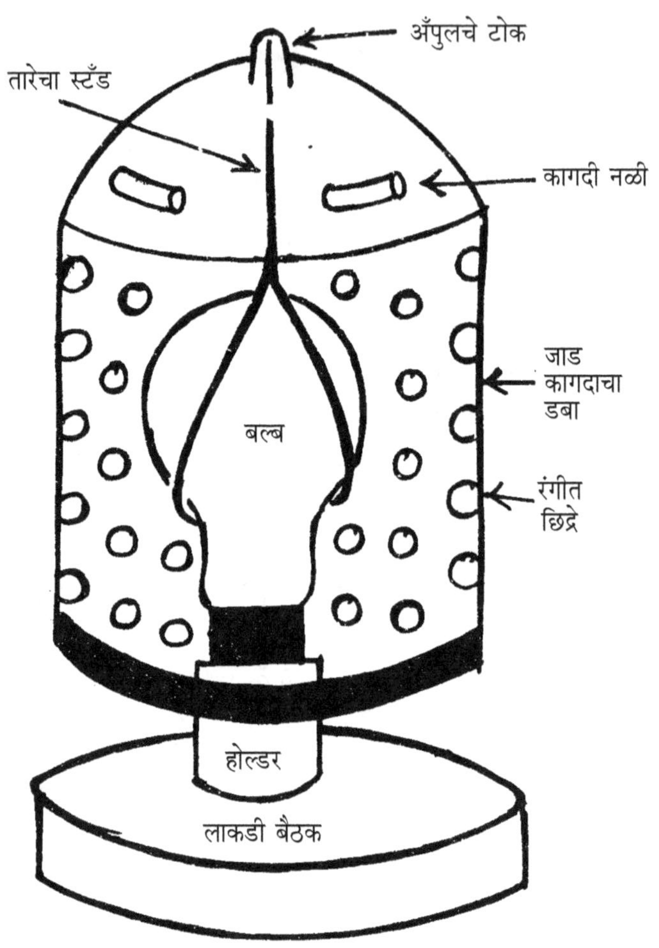

अँपुलचे टोक
तारेचा स्टँड
कागदी नळी
जाड कागदाचा डबा
बल्ब
रंगीत छिद्रे
होल्डर
लाकडी बैठक

जादूचा डबा

आता आपण जादूचा असा डबा तयार करू, की ज्यातील पाणी 'पड' म्हणताच पडू लागेल व 'थांब' म्हणताच थांबेल.

हे एक हवेच्या दाबावर कार्य करणारे उपकरण आहे. त्यासाठी रंगाचा रिकामा डबा झाकण घट्ट बसणारा घ्यावा. त्याला बुडाला बारीक खिळ्याने चार छिद्रे पाडावी. डबा पाण्यात पूर्ण बुडवा. तो पाण्याने भरला, म्हणजे झाकणाच्या छिद्रावर बोट ठेवून बाहेर काढावा व हाती धरावा.

'पड' असे म्हणताना झाकणाच्या छिद्रावरील बोट हळूच काढावे. डब्याच्या खालच्या छिद्रांतून पाण्याच्या धारा पडू लागतील. 'थांब' असे म्हणून छिद्रावर बोट ठेवावे, म्हणजे पाणी पडणे बंद होईल.

वरील छिद्र बंद असले, की हवेच्या खालून वर असणाऱ्या दाबामुळे पाणी खाली पडत नाही. छिद्र उघडे केले, की वरील व खालील हवेचा दाब सारखा होतो व गुरुत्वाकर्षणाने पाणी खाली पडते.

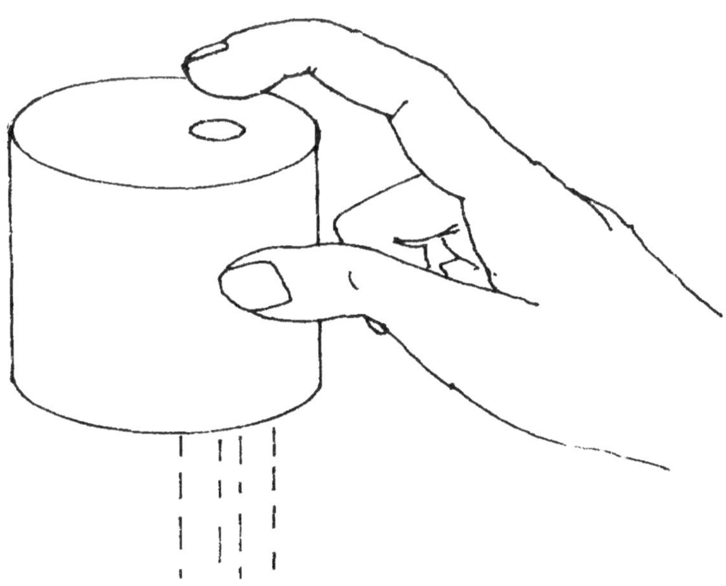

हवेचा दाबमापक

हवेचा दाब कमी-जास्त होतो, असे आपण ऐकतो. तुलनात्मक दृष्ट्या ढोबळ मानाने हवेचा दाब कमी-जास्त होतो, हे पाहण्यासाठी खालीलप्रमाणे उपकरण तयार करता येईल.

रुंद तोंडाची काचेची शिशी घ्या. ह्याकरता पोमेडच्या रिकाम्या शिशीचा उपयोग करता येईल. शिशीचे झाकण काढा व त्या ठिकाणी मोठ्या रबरी फुग्याचे रबर ताणून सपाट बसवा व पक्के बांधून घ्या. बाहेरील हवा आत किंवा आतील हवा बाहेर जायला नको, इतके पक्के बांधा. रबरी फुग्याच्या मध्यभागी थर्मोकोल किंवा लाकडी बुचाचा तुकडा फेव्हिकॉलने चिकटवा. त्यावर बारीक गवताची लांब काडी चिकटवा. काडीच्या एका टोकाकडे एक पट्टी उभी करा.

हवेचा दाब जास्त झाला, की रबर खाली दबते व पट्टीवर गवताची काडी खाली सरकते. वातावरणाचा दाब कमी झाला, की रबर वरच्या बाजूला फुगते व काडी पट्टीवर वरच्या बाजूला सरकते.

यावरून कालच्यापेक्षा आज हवेचा दाब जास्त आहे की कमी आहे, हे ठोकळ मानाने सांगता येईल.

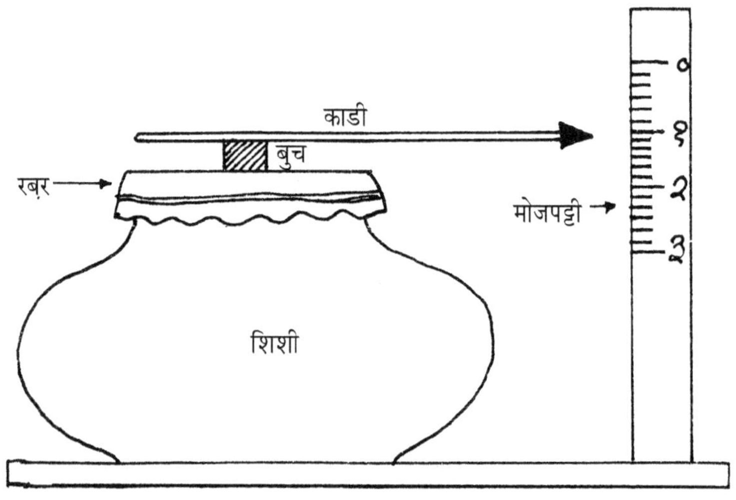

उडणारे बूच

'उष्णतेने हवा पसरण पावते', ह्या तत्त्वावर आधारित खेळणे तयार करताना तुम्हांला नक्कीच आवडेल.

साहित्य :- रबरी बूच असलेली इंजेक्शनची छोटी शिशी, आगपेटीच्या काड्या, बहिर्गोल भिंग.

कृती :- इंजेक्शनची रिकामी शिशी कोरडी करून घ्यावी. तिच्या आतमध्ये आगपेटीची काडी गुलासहित सोडावी. नंतर रबरी बूच बसवावे. ही शिशी उन्हात ठेवून काडीच्या गुलावर बहिर्गोल भिंगाने सूर्यकिरणे एकत्र करावी. थोड्याच वेळात आगकाडी पेटते व शिशीतील हवा एकदम प्रसरण पावते. त्या जोरामुळे शिशीचे रबरी बूच 'टुक' असा आवाज करून उंच उडते. हा प्रयोग तुमच्या मित्रांना दाखविल्यास त्यांना नक्कीच आवडेल व त्यामागील तत्त्व त्यांना अगदी सोप्या पद्धतीने समजेल.

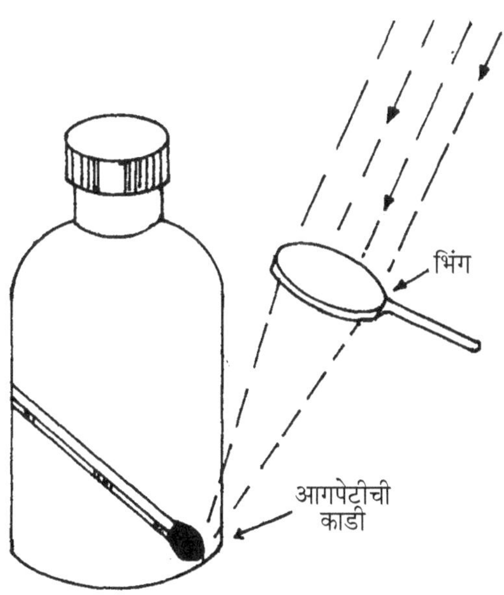

रंगीत कारंजे

सायफनच्या तत्त्वावर चालणारे हे छोटे उपकरण आहे. खेळता खेळता त्यामागील तत्त्व आत्मसात करून करमणूक होण्यासाठी याचा चांगला उपयोग होईल.

साहित्य :- सलाईनची बुचासहित रिकामी शिशी (ही शिशी न मिळाल्यास रुंद बुडाची रबरी बूच असलेली शिशी चालेल), सायकलची व्हॉल्व्ह-ट्यूब अंदाजे ४ फूट लांब, काचेची बारीक तोंडाची नळी.

कृती :- आकृतीत दाखविल्याप्रमाणे बारीक तोंडाची काचेची नळी रबरी बुचातून शिशीत घालावी. बुचाला दुसरे छिद्र पाडून दुसरी नळी घालावी. मात्र बारीक तोंडाची नळी उंच व दुसरी नळी खाली असावी. शिशी भिंतीला टांगावी. दोन्ही काचेच्या नळ्यांना रबरी नळ्या जोडाव्या. नं. १ ची नळी रंगीत पाण्याच्या भांड्यात बुडवावी. ते भांडे नं. २ च्या भांड्यापेक्षा उंच असावे. नं. २ ची नळी खाली लांब दुसऱ्या भांड्यात सोडावी. शिशीचे बूच घट्ट लावावे.

नं. २ च्या नळीतून हवा आत ओढावी. त्यामुळे नं. १ च्या नळीतून पाणी वर येऊन शिशीत कारंज्याप्रमाणे उडू लागेल. नं. २ ची नळी खाली भांड्यात सोडून द्यावी. चंबूतील पाणी २ नं. मधून खाली पडू लागेल व नं. १ मधून रंगीत पाणी वर चढून कारंजा सुरू राहील. नं. १ च्या भांड्यातील पाणी संपत आले, की पुन्हा त्यात पाणी टाकावे, म्हणजे हे कारंजे सतत चालू राहील.

सलाईनच्या शिशीऐवजी प्रयोगशाळेतील काचेचा गोल चंबू वापरला, तरी चालेल.

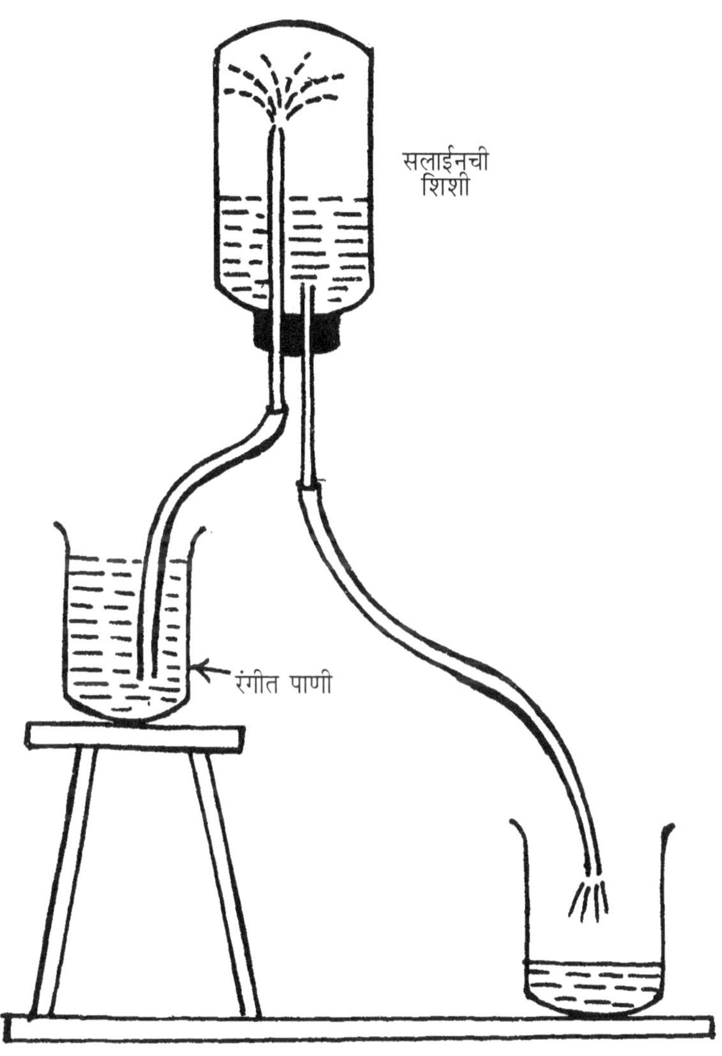

सलाईनची
शिशी
रंगीत पाणी

जादूचा नळ

दोऱ्याला टांगलेल्या नळाच्या तोटीतून पाणी कसे खाली पडते, हे पाहून तुमच्या मित्रांना चकित करता येईल. त्यासाठी खालील साहित्य जमा करावे.

साहित्य :- नळाची तोटी, रबरी नळी १०-१२ फूट, प्लॅस्टिकची ताटली किंवा गोल तबक.

कृती :- प्रथम एक काचेची सहा इंच लांबीची नळी घ्या. प्लॅस्टिकच्या ताटलीला मध्यभागी छिद्र पाडून काचेची नळी पाच इंच वर व एक इंच खाली राहील, अशा तऱ्हेने नळी मेणाने पक्की बसवा. ही ताटली एका लहान खोक्यावर ठेवा. ताटलीचा खालील भाग तुमच्या मित्रांना दिसू नये. नळीच्या खालच्या टोकाला रबरी नळी जोडा व ती नळी दिसू न देता वर उंचावर ठेवलेल्या डब्याला छिद्र पाडून त्यात बसवा. डबा किंवा रबरी नळी दिसू नये. काचेच्या नळीवर नळाची तोटी ठेवा व तिला दोऱ्याने टांगा. उंच डब्यात पाणी भरताच ते जोराने काचेच्या नळीतून वर कारंज्याप्रमाणे उडण्याचा प्रयत्न करते. पण त्यावर ठेवलेल्या तोटीमुळे ते परत काचेच्या नळीवर पडून ताटलीत जमा होते. पाण्याचा व काचेचा रंग एकच असल्यामुळे पाण्याच्या धारेत काचेची नळी झाकून जाते व तुमच्या मित्रांना दोऱ्याने टांगलेल्या तोटीतून पाण्याची धार ताटलीत पडताना दिसते व ते चकित होऊन जातात.

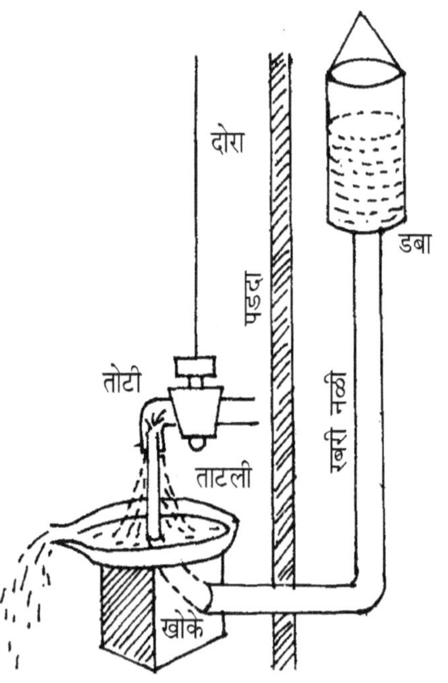

शोभेचे चक्र

साहित्य :- पावडरचे दोन रिकामे डबे, प्लॅस्टिकची भिंगरी, सायकलची व्हॉल्व्ह-ट्यूब, काचेचे रुंद तोंडाचे एक भांडे किंवा बरणी.

कृती :- टाल्कम पावडरच्या एका डब्याचे वरचे तोंड काढून टाका व त्याच्या बुडाला छिद्र पाडून त्यात व्हॉल्व्ह-ट्यूब बसवा. दुसऱ्या डब्याला झाकण अगदी घट्ट बसवा. झाकणाला एक व बुडाला एक अशी दोन छिद्रे पाडा. पहिल्या डब्याला जोडलेले व्हॉल्व्ह-ट्यूबचे दुसरे टोक दुसऱ्या डब्याच्या खालच्या छिद्रात बसवा. वरच्या टोकात दुसरी व्हॉल्व्ह-ट्यूब बसवा व तिचे टोक भिंगरीच्या खाली येईल, असे पक्के करा. प्लॅस्टिकची भिंगरी जलचक्राप्रमाणे तयार करून काचेच्या पसरट बरणीत ठेवा. बरणीत जलचक्र बुडेल, त्यापेक्षा थोडे जास्त पाणी घ्या.

पहिल्या डब्यात डबा भरून पाणी टाका. ते हळूहळू दुसऱ्या डब्यात जाईल. हा डबा हवाबंद असल्यामुळे यातील हवा वरच्या नळीतून जलचक्राखाली येईल. तेथे बुडबुडा तयार होईल व तो वर जाऊ लागेल. जाता जाता भिंगरीच्या पात्याला वर लोटेल. अशा प्रकारे भिंगरी पाण्यातल्या पाण्यात फिरू लागेल. ही क्रिया दोन्ही डब्यांतील पाणी एकाच पातळीत येईपर्यंत चालू राहील. पहिल्या डब्यातील पाण्याची पातळी वाढविली, की चक्र पुन्हा फिरू लागेल.

हे खेळणे हळूहळू फिरत राहते, त्यामुळे ते शोभेची वस्तू म्हणून टेबलावर ठेवता येईल.

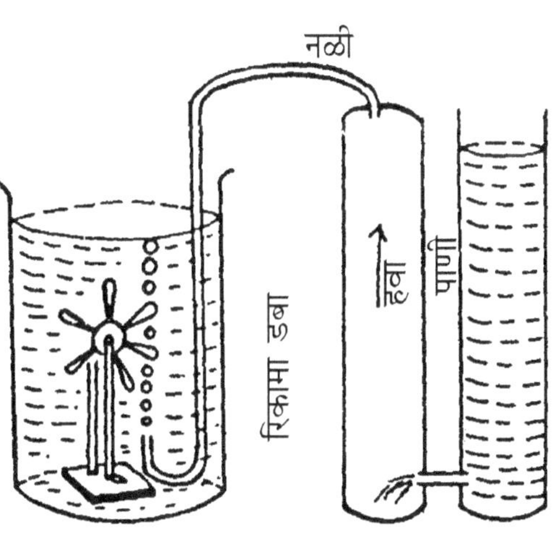

पूरसूचक यंत्र

साहित्य :- एक लाकडी बूच, बुचापेक्षा किंचित मोठ्या व्यासाचा पत्र्याचा डबा, एक मोठा डबा, लाकडी स्टँड, १.५ व्होल्टचा बल्ब, होल्डर, सेल, रबरी नळी, तारेचा जाड तुकडा.

कृती :- लहान व मोठ्या डब्याच्या तळाशी एक एक छिद्र पाडून, त्यात एक रबरी नळी घालून, ते एकमेकांना जोडा. मोठ्या डब्यात पाणी टाकले, की ते लहान डब्यात येऊन पाण्याची पातळी समान होईल. बूच उभे धरून त्यात तारेचा तुकडा उभा घट्ट बसवा व हे बूच लहान डब्यातील पाण्यावर सोडा. ते उभे तरंगेल. एका लाकडी स्टँडला एक सेल बांधा. त्याचप्रमाणे त्याच्या शेजारी बल्ब व होल्डर बसवा.

स्टँडच्या वरच्या बाजूला जाड धातूची एक पट्टी लावा. किंचित अंतर सोडून लवचीक धातूची पट्टी उभ्या लाकडाला पक्की करा. दोन्ही पट्ट्या एकमेकींपासून अगदी थोड्या अंतरावर असाव्या.

जाड पट्टीची वायर सेलला जोडा. लवचीक पट्टीची वायर होल्डरला जोडा व होल्डरची दुसरी वायर सेलला जोडा. ही जोडणी झाली पण दिवा लागणार नाही. कारण दोन पट्ट्या एकमेकींपासून अंतरावर आहेत.

आता मोठ्या डब्यात पाणी ओता. त्यामुळे लहान डब्यातील पाण्याची पातळी वर वर जाईल व त्यामुळे त्यावर तरंगणारे बूचसुद्धा वर जाईल व शेवटी लवचीक

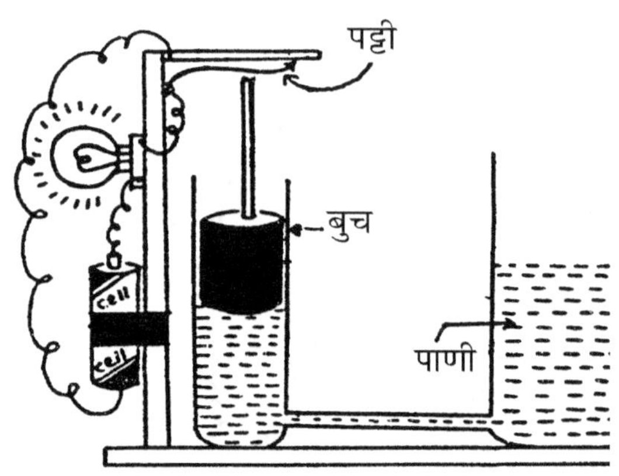

पट्टीला वरच्या बाजूला लोटेल. लवचीक पट्टी मोठ्या पट्टीला टेकताच विद्युत-मंडळ पूर्ण होईल व बल्ब लागेल. म्हणजे आपणांस पुराचा धोका समजेल. मोठ्या डब्यातील पाणी कमी केले, म्हणजे लहान डब्यातील बूचसुद्धा खाली येईल. त्यामुळे लवचीक पट्टी व मोठी पट्टी यांत अंतर पडेल व बल्ब विझेल.

अशा प्रकारे हे यंत्र पाण्याची पातळी वाढली, की आपणांस सूचना देईल.

डोलणारी चिमणी

गुरुत्वमध्यावर आधारलेले हे खेळणे तयार करण्यास सोपे असून मजेशीर आहे.

वाळलेल्या ज्वारीच्या धांड्यापासून किंवा लाकडी पेन्सिलच्या एका लांब व एका आखूड तुकड्यापासून एक चिमणी तयार करा. (आकृती पाहा.) चिमणीच्या चोचीसाठी कागदाचा तुकडा चिकटवा. चिमणीला रंगाने डोळा काढा. शेपटाकडील भाग तिरपा कापा. चिमणीच्या मानेजवळ दोन बाजूंनी दोन बारीक बांबूच्या कमट्या बांधा. त्यांच्या दुसऱ्या टोकांना दोन मातीचे गोळे बसवा. हाताच्या बोटावर चिमणीचे शेपूट ठेवा. चिमणीला दुसरा आधार नसताना ती सारखी खाली-वर हलत राहते.

दिवाणखान्याच्या टेबल-लँपवर ही चिमणी ठेवल्यास दिवाणखान्याची शोभा नक्कीच वाढेल.

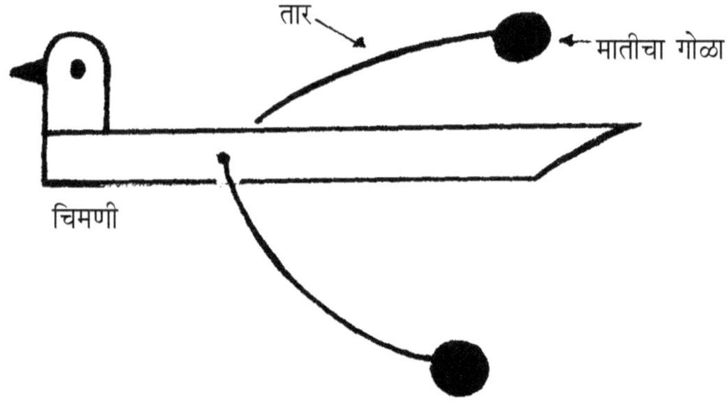

हलणारे फुलपाखरू

आज आपण हाताच्या बोटावर बसून डोलणारे फुलपाखरू तयार करू. एक जाड सेंच्युरी पेपर किंवा पातळ पुठ्ठा घेऊन त्यावर सोबतचा फुलपाखराचा आकार काढावा.

फुलपाखराचा समोरचा भाग १५सें.मी.पेक्षा लहान असू नये व शेपटाकडील रुंदी १०सें.मी. असावी. समोरच्या पंखावर ज्या ठिकाणी वर्तुळ काढलेले आहे, त्या ठिकाणी ॲल्युमिनियमचे दहा पैशाचे नाणे चिकटपट्टीने चिकटवा. दोन पंखांवर दोन नाणी चिकटवावी. फुलपाखरू रंगवून त्याला समोरच्या बाजूने दोन बारीक तारांच्या मिशा लावाव्या. फुलपाखराचे डोके आपल्या हाताच्या बोटावर ठेवा. ते तेथे शांतपणे डोलत राहते.

हे फुलपाखरू भिंतीच्या खुंटीवर ठेवता येईल. मंद हवा आली, की ते हळुवार डोलत राहते पण पडत नाही.

डोलणारी बाहुली

गुरुत्वमध्यावर आधारलेले हे एक खेळणे आहे. हे दिवाणखान्यात ठेवून घराची शोभा वाढविता येईल.

साहित्य :- छोटी प्लॅस्टिकची बाहुली, जाड तारेचे दोन तुकडे, चिकणमातीचे तीन गोळे, लाकडी स्टँड, फेव्हिकॉल किंवा मेण.

कृती :- चिकणमातीचा गोळा घेऊन, त्याला शंकूचा आकार द्यावा. त्याच्या दोन बाजूंना तारेचे दोन तुकडे घट्ट बसवावे. तारेच्या दुसऱ्या टोकांना दोन सारख्या वजनाचे मातीचे गोळे बसवा व ते वाळू द्या. एका पाटीवर उभे लाकूड बसवून स्टँड तयार करा. त्याचे वरचे टोक सपाट व गुळगुळीत असावे. मातीचे भाग वाळल्यावर शंकूच्या वरच्या सपाट भागावर बाहुली उभी चिकटवून द्यावी. चिकटविण्यासाठी फेव्हिकॉल किंवा मेण वापरावे. नंतर शंकूचे टोक लाकडी स्टँडवर नुसते ठेवावे व मातीच्या गोळ्यांना थोडासा झोका द्यावा. बाहुली डोलू लागेल, फिरू लागेल, पण पडणार नाही. लाकडी स्टँड व मातीच्या गोळ्यांना छानपैकी रंग दिला, तर टी.व्ही.वर ठेवण्यासाठी तिचा छान उपयोग होईल.

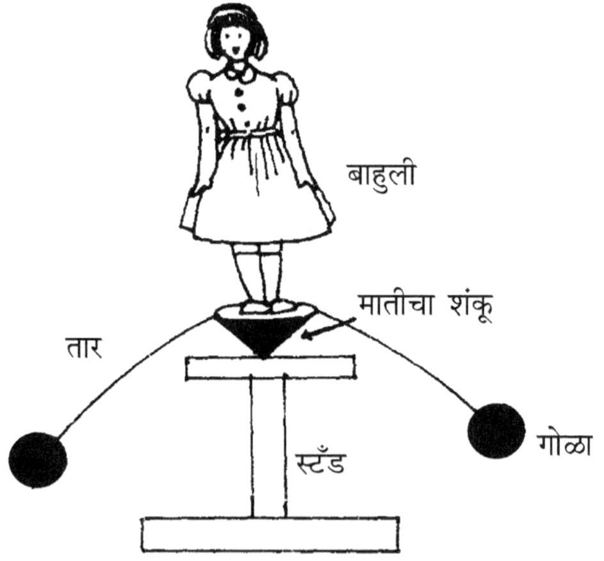

अखंड घोडदौड

टेबलाच्या काठावर किंवा चापट खुंटीवर हा घोडा उभा केला असता थोड्याशा धक्क्याने हा अखंड दौडत राहतो.

साहित्य :- धावणाऱ्या घोड्याचे चित्र, पातळ पुठ्ठा, तार, मातीचा गोळा.

कृती :- धावणाऱ्या घोड्याचे चित्र कापून घ्या व त्याला पातळ पुठ्ठ्यावर चिकटवा. नंतर तो पुठ्ठा त्या घोड्याच्या बाह्यरेषेवरून कापा. घोड्याच्या पोटाच्या ठिकाणी जाड तार बसवा. तिला आकृतीत दाखवल्याप्रमाणे गोल वाकवा. तिच्या टोकाला मातीचा गोळा पक्का चिकटवा.

गोळा वाळल्यावर घोडा मागील पायांवर उभा राहील, अशा तऱ्हेने तार वाकवा. नंतर घोडा टेबलाच्या काठावर किंवा चापट खुंटीवर ठेवावा. थोडीशी जरी हवा आली, की त्याची घोडदौड सुरू होईल पण तो पडणार नाही.

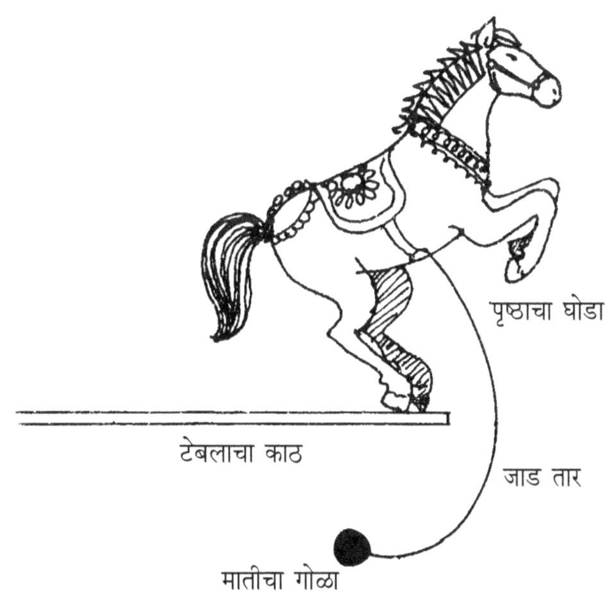

डोंबाऱ्याचा खेळ

आपल्या हातांत लांब बांबू घेऊन तोल सावरीत दोरीवर चालणाऱ्या डोंबाऱ्याचा खेळ आपण नेहमीच पाहतो. तशीच एक छोटीशी डोंबारीण आपण तयार करू.

साहित्य :- एक प्लॅस्टिकची बाहुली - उंची तीन ते चार इंच, एक बारीक तार, छोटेसे लाकडी बूच, जाड तारेचे दोन तुकडे, मातीचे दोन गोळे.

कृती :- लाकडी बुचाची गोल चकती कापा. तिचा व्यास काढून तो टोकदार खिळ्याने खोल करा. वरच्या बाजूने त्या चकतीवर बाहुली चिकटवून टाका. बुचाची खोल रेषा बाहुलीच्या पायाच्या पुढील टोकाकडून मागे गेली पाहिजे.

बाहुलीच्या हाताला जाड तारेचे दोन तुकडे पक्के बांधा. त्यांच्या टोकांना मातीचे गोळे सारख्या अंतरावर व सारख्या वजनाचे बांधा व ते वाळू द्या.

लाकडी बैठकीवर दोन उभे लांब खिळे अंतरावर ठोका व त्यांच्या वरच्या टोकांना बारीक तार ताणून बसवा. ह्या तारेवर बुचाची खोल रेषा येईल अशा तऱ्हेने बाहुली तारेवर ठेवा. जाड तार थोडी जवळ किंवा दूर वाकवून, बाहुली तारेवरून पडणार नाही, असे करा.

एक वेळ ते जमले, की कितीही वारा आला, तरी बाहुली खाली न पडता तारेवरच हलू, डोलू लागेल व हा डोंबाऱ्याचा खेळ अखंड चालू राहील.

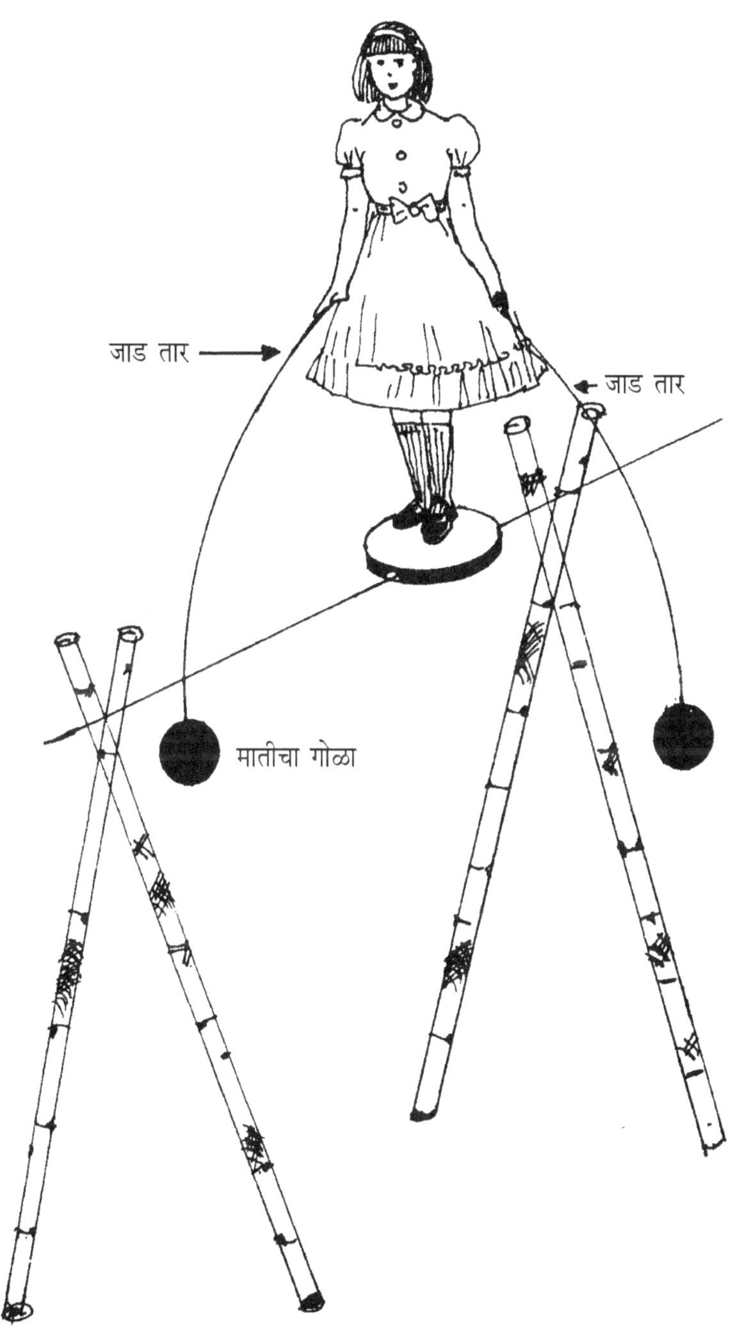
जाड तार
जाड तार
मातीचा गोळा

स्वयंचलित 'सी-सॉ'

साहित्य :- एक लांब मेणबत्ती, मोठी सुई, दोन लोखंडी पट्ट्या, लाकडी बैठक.

कृती :- लाकडी बैठकीवर लोखंडी पट्ट्या उभ्या ठोकून स्टँड तयार करा. पट्ट्यांच्या वरच्या टोकांना, सुई जाईल एवढे छिद्र पाडा.

मेणबत्ती घेऊन तिचा मध्यबिंदू काढा. ह्या बिंदूतून सुई आरपार घाला. दोन पट्ट्यांच्या स्टँडमध्ये ही सुई घाला. म्हणजे आपला 'सी-सॉ' तयार होईल. मेणबत्ती दोन्ही टोकांना पेटवा. मेणबत्ती पेटल्यावर मेण वितळू लागेल व त्याचे थेंब खाली पडू लागतील. एका टोकाचा थेंब पडल्यावर ती बाजू हलकी होईल व ते टोक वर जाईल. थोड्या वेळाने दुसऱ्या टोकाचा थेंब पडेल व ती बाजू वर जाईल व पहिली खाली येईल. अशा प्रकारे आळीपाळीने ही मेणबत्ती वर-खाली होत राहील.

मेणबत्तीवर पातळ कागदाचे मुलांचे आकार कापून बसविल्यास आणखी मजा येईल.

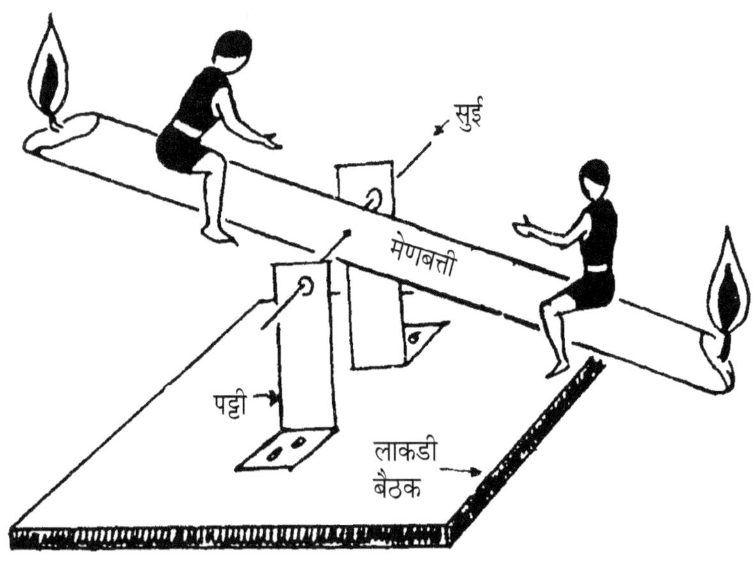

न विझणारा दिवा

आपण एखादा दिवा लावतो व तो विझू नये, म्हणून त्यात वारंवार तेल टाकत असतो. ही तेल टाकण्याची क्रिया जर आपोआप झाली, तर तिकडे पुन्हा पाहायची गरज नाही, असे तुम्हांला नक्कीच वाटत असेल. त्यासाठी खालीलप्रमाणे रचना करावी.

साहित्य :- नेहमी वापरतो ती पणती किंवा दिवा, एक उंच अशी शिशी, आधारासाठी लाकडी स्टँड.

कृती :- प्रथम पणतीत थोडे तेल भरावे व ती लाकडी स्टँडवर ठेवावी. उंच अशा शिशीत तेल पूर्ण भरावे. मग तिच्या तोंडावर अंगठा दाबून ती उलटी करावी व पणतीच्या तेलात तिचे तोंड बुडवावे. नंतर हळूच अंगठा काढून घ्यावा. शिशीचे तोंड पणतीच्या तेलात बुडलेले असल्यामुळे शिशीतील तेल सांडणार नाही. नंतर शिशी तशीच लाकडी स्टँडला पक्की बांधावी. (आकृती पाहा.)

कापसाची वात पणतीत ठेवा व पेटवा. पणतीतील तेल हळूहळू कमी होईल. ज्या वेळी पणतीमधील तेल शिशीच्या तोंडापासून खाली जाईल, त्याच वेळी शिशी-तील तेल पणतीमध्ये उतरेल. शिशीचे तोंड तेलात बुडले, की शिशीतील तेल खाली उतरणे बंद होईल. हीच क्रिया सारखी होत राहील व दिव्याच्या वातीला तेलाचा अखंड पुरवठा होत राहील आणि दिवा विझणार नाही.

एका बशीत पाणी घेऊन त्यात अशीच एक पाण्याने भरलेली

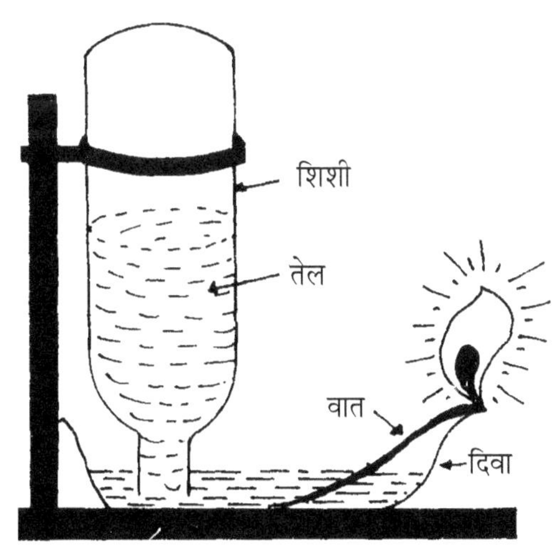

शिशी उलटी ठेवल्यास कोंबड्यांना पाणी पिण्यासाठी आपोआप कार्य करणारे पाणी पाजण्याचे यंत्र तयार होईल. बशीतील पाणी संपले, की शिशीतील पाणी आपोआप खाली उतरत राहते व कोंबड्यांना स्वच्छ पाण्याचा अखंड पुरवठा होत राहतो.

वाफेची शक्ती

साहित्य :- ऑईलपेन्टचा रिकामा डबा झाकणासह, सायकलच्या दोन व्हॉल्व्ह-पिना, दोरा.

कृती :- २०० मिली. रंगाचा रिकामा डबा घेऊन त्याच्या वरच्या काठाजवळ दोन व्हॉल्व्ह-पिना समोरासमोर डाग देऊन बसवाव्या. बसविताना त्यांची छिद्रे एकाच दिशेने असावी. डब्यात अर्धे पाणी भरावे व झाकण घट्ट बसवावे. हा डबा दोरा बांधून वर टांगावा. डब्याच्या खाली स्टोव्हने उष्णता द्यावी.

उष्णतेमुळे डब्यात पाण्याची वाफ होते व ती व्हॉल्व्ह-पिनच्या छिद्रांतून जोराने बाहेर पडते. ज्या दिशेने वाफ बाहेर पडते, त्याच्या विरुद्ध दिशेने डबा फिरू लागतो. जोपर्यंत डब्यात पाणी आहे, तोपर्यंत डबा फिरत राहतो.

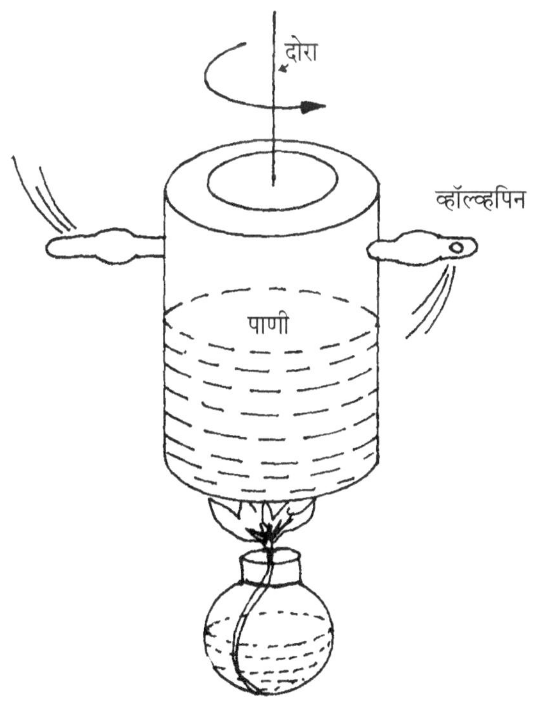

वाफेची चक्री

साहित्य :- रंगाचा रिकामा डबा झाकणासहित, जाड सुई, पत्र्याच्या पातळ पट्ट्या (१ सें.मी. रुंद).

कृती :- पत्र्याच्या चार सें.मी. लांब व एक सें.मी. रुंद अशा तीन पट्ट्या घ्या. प्रत्येकीला मध्यभागी साठ अंश कोनाची घडी पाडा. ह्या पट्ट्या जाड सुईच्या भोवती दोऱ्याने पक्क्या बांधा. म्हणजे सहा पात्यांचे चक्र तयार होईल.

डब्याच्या झाकणाला मध्यभागी बारीक खिळ्याने छिद्र पाडा. डब्यात अर्धे पाणी भरा व झाकण घट्ट बसवा. डब्याच्या दोन बाजूंना दोन पत्र्याच्या पट्ट्या उभ्या बांधा. उभ्या पट्ट्यांना बारीक खिळ्याने वरच्या टोकाजवळ छिद्रे पाडा. त्यांत पूर्वी तयार केलेल्या चक्राची सुई बसवा. सुई छिद्रात जास्त घट्ट बसू नये. झाकणाच्या छिद्राच्या वर चक्राच्या पात्याचे टोक यावयास हवे. डबा गरम केला, म्हणजे पाण्याची वाफ छिद्रातून जोराने चक्राच्या पात्यावर आदळते व चक्र जोरात फिरू लागते. ही आपली वाफेची चक्री सुरू झाली.

ह्या चक्रीवर आपणांस न्यूटनची तबकडी फिरवता येईल. पातळ कार्डबोर्डाची चार सें.मी. व्यासाची गोल चकती घेऊन तिच्यावर सात रंगांचे पट्टे काढावे.

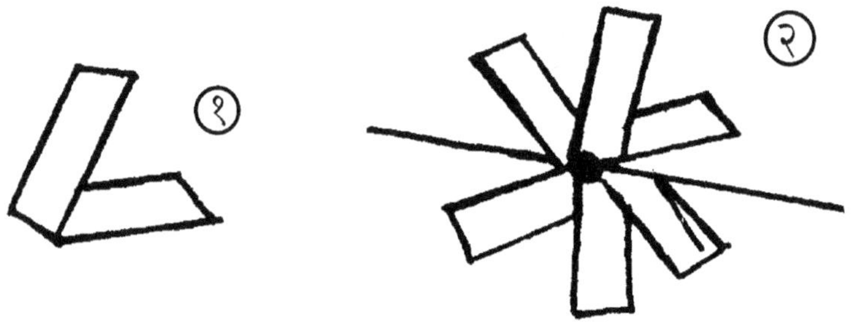

वाफेच्या चक्राच्या सुईवर एक लाकडी बूच बसवावे व त्याला बाहेरून ही चकती फेव्हिकॉलने चिकटवावी. चक्की फिरू लागली, म्हणजे ही चकती वेगाने फिरते व सात रंग मिळून एकच रंग (भुरकट पांढरा) दिसू लागतो. यावरून सात रंगांचा मिळून पांढरा रंग तयार होतो व वाफेच्या जोरावर यंत्रे चालतात, हे सिद्ध होते.

वाफेची नाव

मागील प्रयोगात आपण फुग्यातील हवेच्या दाबाने चालणारी नाव तयार केली. आता वाफेच्या जोराने चालणारी नाव तयार करू.

साहित्य :- नावेच्या आकाराची लाकडी फळी, छोटा दिवा किंवा मेणबत्ती, छोटा डबा झाकणासहित.

कृती :- छोट्या डब्याच्या बुडाला जाड सुईने एक छिद्र पाडा. हे छिद्र मध्यभागी न पाडता एका बाजूला पाडा. डब्यात अर्धे पाणी भरून झाकण घट्ट बसवा. नंतर हा डबा लाकडी फळीवर आकृतीत दाखविल्याप्रमाणे पातळ लोखंडी पट्ट्यांच्या वर ठेवा. त्याच्या खाली छोटा दिवा किंवा मेणबत्ती लावा. थोड्या वेळात पाणी तापेल, तेव्हा त्याची वाफ बाहेर येऊ लागते. वाफ जोराने बाहेर पडू लागली, म्हणजे नाव पाण्याने भरलेल्या पसरट भांड्यात ठेवा. ती पाण्यावर आपोआप चालू लागेल. जोपर्यंत डब्यातील सर्व पाणी संपत नाही, तोपर्यंत ती पाण्यात फिरत राहील.

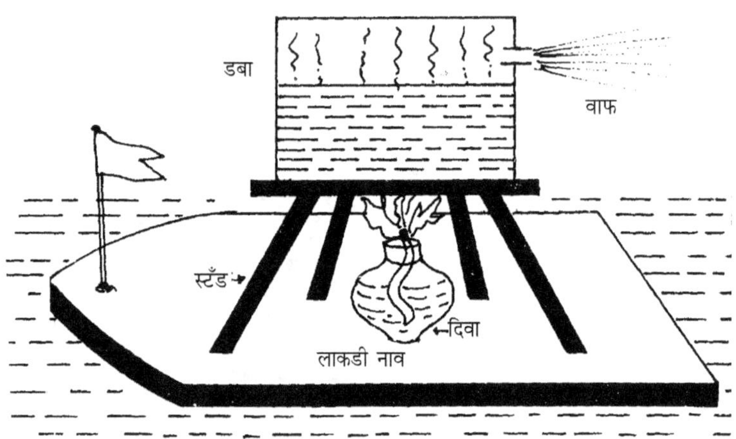

जलचक्र

पाण्याच्या जोरावर यंत्रे फिरतात व त्यांपासून वीज तयार होते, हे आपण पुस्तकात वाचतो. तसे आज आपण पाण्याच्या झोतावर फिरणारे जलचक्र तयार करू.

साहित्य :- एक लाकडी बूच, पेनच्या तुटलेल्या निफा, जाड सुई, पत्र्याच्या दोन पट्ट्या, एक लाकडी ठोकळा.

कृती :- लाकडी बुचातून सुई आरपार घाला. नंतर पेनच्या निफा बुचाच्या भोवती टोचा. पट्ट्याच्या दोन टोकांना सुईएवढे छिद्र पाडा व त्या पट्ट्या लाकडी ठोकळ्याला पक्क्या करा. ह्या दोन पट्ट्यांत सुईची टोके आकृतीत दाखविल्याप्रमाणे घाला. सुई चक्रासहित सहज फिरावयास पाहिजे.

एका मोठ्या डब्याच्या बुडाला बारीक खिळ्याने छिद्र पाडा व तो डबा उंचावर ठेवा. डब्यात पाणी भरा व त्याची धार निफांच्या टोकांवर पडू द्या. पाण्याच्या जोरामुळे पाती वेगाने फिरू लागतात.

अशा प्रकारे जोपर्यंत पाण्याची धार चालू आहे, तोपर्यंत चक्र फिरत राहते.

याच पद्धतीने जलविद्युत केंद्रातील यंत्रे फिरतात व त्यांवर जनित्र बसवून वीज तयार करतात, हे इतरांना दाखविता येईल.

मोटार-बोट

मागील प्रयोगात आपण वाफेच्या जोरावर फिरणारे चक्र तयार केले. आता या प्रयोगात वाफेवर चालणारी मोटारबोट तयार करू.

साहित्य :- ५० ग्रॅमचा रंगाचा रिकामा डबा, तारेचा तीन पायांचा स्टँड, सायकलची व्हॉल्व्ह-ट्यूब, पत्र्याची नाव, मेणबत्ती.

कृती :- आकृतीत दाखविल्याप्रमाणे डब्याच्या झाकणाला बारीक छिद्र पाडून त्यात रबरी नळी बसवावी. डब्यात अर्धे पाणी भरून झाकण घट्ट बसवावे. तारेचा स्टँड नावेत ठेवावा व त्यावर हा डबा ठेवावा. नावेच्या मागील बाजूस खालच्या टोकाला एक छिद्र पाडून डब्याच्या रबरी नळीचे टोक नावेतून बाहेर काढावे.

नाव पाण्यात ठेवावी. नाव पाण्यात असताना रबरी नळीचे टोक पाण्यात बुडलेले असावे. नंतर डब्याखाली पेटलेली मेणबत्ती ठेवावी. थोड्याच वेळात डब्यातील पाणी गरम होऊन त्याची वाफ नळीच्या मागील टोकातून जोराने बाहेर पडते व नाव पुढे सरकू लागते. वाफेचा जोर वाढला, की आपली मोटार-बोट गुड-गुड आवाज करीत पुढे चालू लागते व डब्यातील पाणी संपेपर्यंत ती चालू राहते. पाणी संपले, की डब्यात पुन्हा पाणी भरावे.

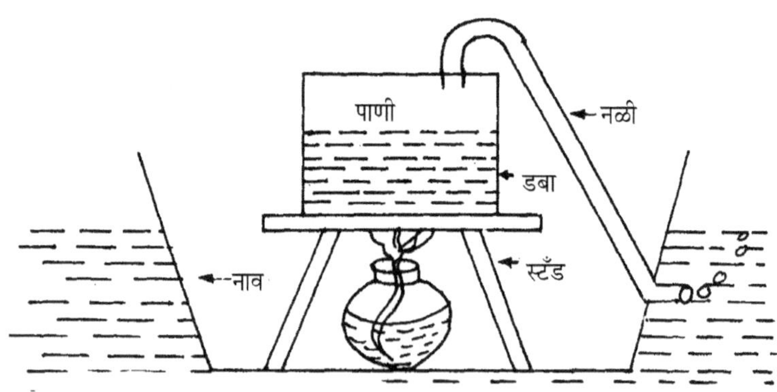

रिकाम्या शिशीचा दिवा

विज-पुरवठा बंद पडला, तर आपणांस मेणबत्ती किंवा रॉकेलचा दिवा लावावा लागतो. तो दिवा वेळेवर सापडतच नाही. सापडलाच, तर त्यावर बसलेल्या धुळीमुळे तो भडकतो. आपण आज तो दिवा तयार करणार आहोत, तो भडकण्याची शक्यता फारच कमी व तयार करण्यास अगदी सोपा आहे.

साहित्य :- बिटको दंतमंजनाची किंवा लोखंडी झाकण असलेली पसरट शिशी, सायकलच्या ट्यूबचा व्हॉल्व्ह-नट, दिव्याची वात.

कृती :- सायकलच्या ट्यूबचा व्हॉल्व्ह-नट काढून घ्यावा. त्याला एक षटकोनी बोल्ट असतो. तो काढावा. शिशीच्या झाकणाला, नट जाईल एवढे छिद्र पाडा. नट झाकणाच्या आतून घालून बाहेर काढावा. नटाचे पसरट टोक झाकणाला आतून अडकून बसेल. झाकणाच्या बाहेरून नटाचा षटकोनी बोल्ट बसवावा. ही वात ठेवण्याची नळी तयार झाली. ह्या नळीत वात बसवा. शिशीत रॉकेल भरा व त्यात वात बुडेल, एवढी ती लांब ठेवा. झाकण घट्ट बसवा. वातीचे वरील टोक पेटविले, की झाला आपला दिवा तयार. वातीची नळी लांब असल्यामुळे हा दिवा भडकत नाही.

ह्यात स्पिरिट भरले, की प्रयोगशाळेत वापरण्याचा स्पिरिट लँप तयार होईल.

जेट विमान

साहित्य :- पक्क्या झाकणाचा डबा, पत्र्याच्या दोन नळ्या, दोन प्लॅस्टिकची विमाने.

कृती :- डब्याच्या वरच्या बाजूला एकमेकांच्या विरुद्ध दिशेने दोन छिद्रे पाडा. पत्र्याच्या काटकोनाकृती दोन नळ्या त्या छिद्रांत डाग देऊन बसवा. नळ्यांची बाहेरील टोके आकृती A मध्ये दाखविल्याप्रमाणे एकमेकांच्या विरुद्ध दिशेने असावी. नळ्यांची मोकळी टोके बारीक छिद्राची करून घ्यावी.

डब्याचे झाकण उघडून, त्यात अर्धे पाणी भरावे व झाकण घट्ट लावावे. हा डबा दोऱ्याने अधांतरी टांगावा. काटकोनाकृती नळ्यांच्या टोकांवर प्लॅस्टिकची दोन विमाने बसवावी. मात्र नळीचे बारीक टोक मोकळे असावे.

डब्याला स्टोव्हने उष्णता द्यावी. पाण्याची वाफ नळीच्या बारीक टोकातून जोराने बाहेर येऊ लागली, की वाफेच्या विरुद्ध दिशेने डबा, नळ्या व विमाने फिरण्यास सुरुवात करतात. ही गती पाणी संपेपर्यंत चालू राहते.

विमानाच्या शेपटाकडून वाफेचा झोत जोराने बाहेर पडतो व त्यामुळे जेट विमान कसे पुढे सरकते, हे मुलांना चांगले समजते व आपण खरोखरीचे जेट विमान पाहत आहोत, असे त्यांना वाटेल.

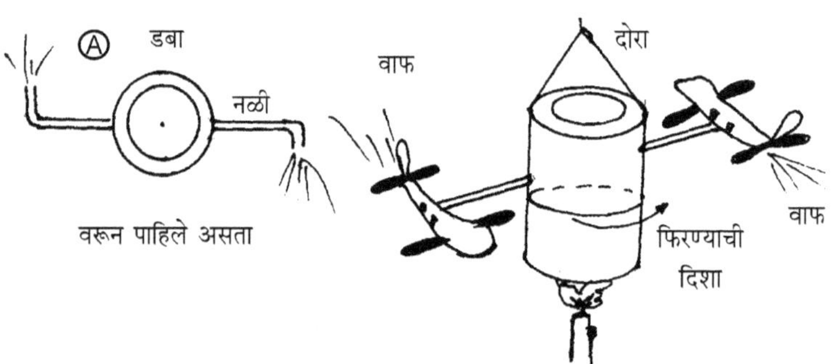

इंद्रधनुष्याचे सात रंग

साहित्य :- पाण्याने भरलेले एक मोठे भांडे, छोटा आरसा.

कृती :- घराच्या दारासमोर उन्हात पाण्याने पूर्ण भरलेले भांडे ठेवा. त्यात आरसा पूर्ण बुडवावा व तिरपा करावा. सूर्यकिरणे पाण्यातून आरशावर पडतील व परावर्तित होतील. ती किरणे घराच्या आत पांढऱ्या भिंतीवर पडतील, अशा रितीने आरसा फिरवावा. तो तसाच स्थिर राहण्यासाठी त्याला पाठीमागून एक लहान दगड टेकू म्हणून लावावा.

भांड्यातील पाणी स्थिर झाले, की भिंतीवर पडणारा प्रकाश स्थिर होईल व आपणांस त्या ठिकाणी इंद्रधनुष्याचे सात रंग अगदी ठळक दिसतील.

उन्ह असले, की कोणत्याही ऋतूत इंद्रधनुष्य आपणांस घरात पाहता येईल. आरसा मात्र पाण्यात पूर्ण बुडलेला असावा.

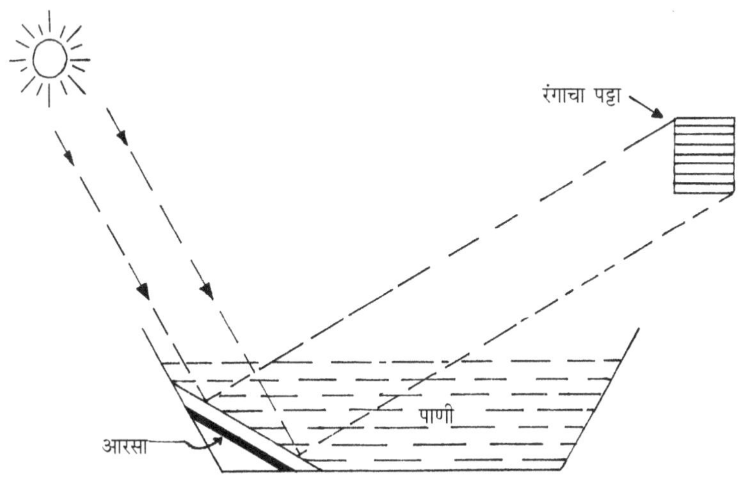

मित्रदर्शक

समजा, तुम्ही दार बंद करून खोलीत बसलेले आहात. दाराच्या वरील झडप फक्त उघडी आहे. पण त्यातून तुम्हांला बाहेरचे काहीच दिसत नाही. कारण तुम्ही तेवढे उंच नाही. अशा वेळी दार न उघडता दाराच्या बाहेर कोण उभे आहे, हे तुम्हांला पाहता येईल. त्यासाठी ४ सें.मी. × ६ सें.मी. या मापाचे आरशाचे दोन तुकडे, दोन फूट लांब, ४ सें.मी. रुंद पुठ्ठ्याचे नळकांडे (चौकोनी) एवढे साहित्य आवश्यक आहे.

पुठ्ठ्याची चौकोनी नळी घेऊन आकृतीत दाखविल्याप्रमाणे तिला दोन छिद्रे पाडा. छिद्रांसमोर आरशाच्या पट्ट्या नळीच्या उभ्या बाजूला ४५ अंशांचा कोन करून चिकटपट्टीने चिकटवून टाका.

बंद दाराच्या आतून नळकांडे वरील झडपेपर्यंत सरकवा. नळकांड्याचे आरशासमोरील छिद्र बाहेरच्या बाजूला असावे. नळकांड्याच्या खालील छिद्राला डोळा लावा. दाराच्या बाहेर उभे असलेला तुमचा मित्र किंवा दृश्य तुम्हांला बंद खोलीतून पाहता येईल.

युद्धाच्या वेळी समुद्राच्या पोटात राहून पाण्यावरील शत्रूचे जहाज पाहण्यासाठी ह्याचा उपयोग पाणबुडीत करतात. समोर उंच प्रेक्षक असतील, तर त्यांच्यामागे उभे राहून ह्याच्या साहाय्याने समोरील न दिसणारा सामना पाहता येईल.

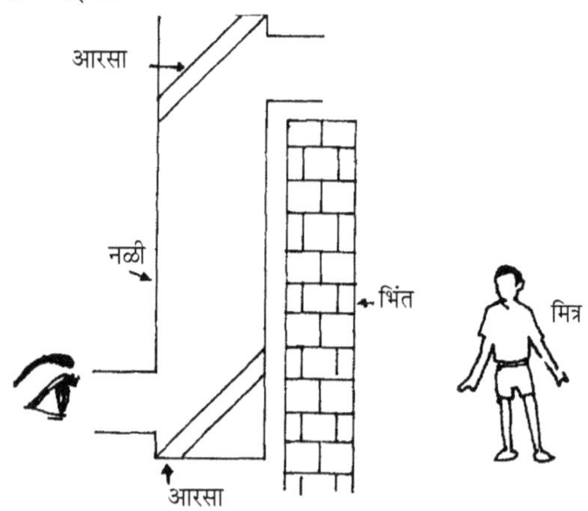

रंगीत रांगोळी-दर्शक

आज आपण अगदी टाकाऊ वस्तूंपासून रंगीत रांगोळ्यांचे दर्शन घडविणारे खेळणे तयार करू. फोटोची काच फुटल्यावर ती आपण फेकून देतो. ती फेकून न देता फ्रेममेकरकडून २।। सें.मी. रुंद व १५ सें.मी. लांब अशा तीन पट्ट्या कापून घ्या.

ह्या पट्ट्या आकृतीत दाखविल्याप्रमाणे दोऱ्याने बांधून त्यावर वरून काळा कागद चिकटवावा. म्हणजे बाहेरील प्रकाश आत घुसणार नाही. त्रिकोणी नळीच्या एका तोंडाला पांढरा कागद चिकटवावा. ह्या कागदाला खोबऱ्याचे तेल लावावे. नळीच्या दुसऱ्या तोंडातून रंगीत बांगड्यांचे निरनिराळ्या रंगांचे बारीक तुकडे टाकावे. ह्या तोंडालासुद्धा कागद चिकटवावा. ह्या कागदाला पाहण्यासाठी एक छिद्र पाडा. ह्या छिद्रातून रंगीत काचेचे तुकडे व त्याच्या अनेक प्रतिमा आपणांस रंगीत रांगोळीप्रमाणे दिसतील. नळी थोडी फिरविल्यास आत दिसणारी रांगोळीसुद्धा बदलत जाईल.

अशा प्रकारे आपणांस निरनिराळ्या प्रकारच्या रांगोळ्या पाहता येतील.

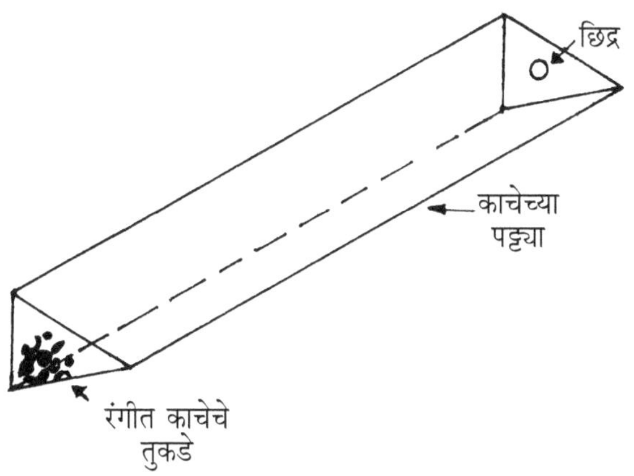

दृश्यदर्शक किंवा कॅमेरा मॉडेल

प्रकाशाच्या तत्त्वावर आधारलेले हे खेळणे आहे. लहान मुलाप्रमाणेच मोठी माणसेसुद्धा हे खेळणे पाहण्यात दंग होऊन जातात.

साहित्य :- एक बहिर्गोल भिंग, छोटा सपाट आरसा, पुठ्ठ्याचा डबा, तेल लावलेला कागद.

कृती :- बहिर्गोल भिंग घेऊन एक त्याच्या परिघाएवढी पुठ्ठ्याची नळी तयार करून त्यात हे भिंग बसवा. भिंग हलू नये किंवा पडू नये, म्हणून त्याच्या दोन्ही बाजूंनी जाड तारेच्या रिंगा बसवा.

पुठ्ठ्याचा डबा घेऊन, त्यात ही नळी जाईल, असे गोल छिद्र पाडा. छिद्राच्या समोर सपाट आरसा ४५ अंशांचा कोन करून पक्का करा. डब्याच्या वरच्या बाजूला ६ × ६ सें.मी. आकाराचे छिद्र कापा. व त्यावर तेल लावलेला कागद चिकटवा. हा आपला दृश्य पाहण्याचा पडदा तयार झाला.

डब्याच्या गोल छिद्रात भिंगाची नळी बसवा. नळीचे तोंड खिडकीतून बाहेर दिसणाऱ्या दृश्याकडे करा. बाहेरील दृश्य भिंगातून आरशावर पडते व तेथून ९० अंशांच्या कोनातून परावर्तीत होऊन कागदी पडद्यावर दिसू लागते. दृश्य पुसट असल्यास भिंगाची नळी पुढे-मागे करून दृश्य अगदी स्पष्ट करता येते.

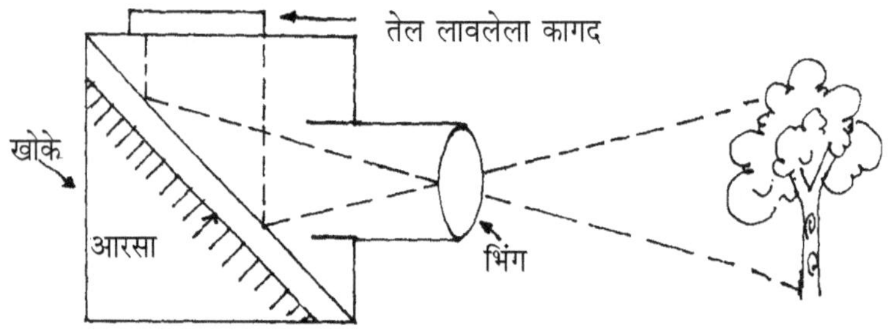

अंगणात खेळणारी मुले, रस्त्याने जाणारी माणसे, मोटारी हालचालींसहित जशाच्या तशा रंगीत आपण पडद्यावर पाहू शकतो व जणू काही आपण छोटा टी.व्ही. पाहत आहोत, असे वाटते.

पडद्यावर अंधार केल्यास दृश्य आणखी सुंदर, स्पष्ट व रेखीव दिसते.

चलच्चित्रे

सिनेमात पडद्यावर हालचाल करणारी चित्रे आपण पाहतो. प्रत्यक्षात ती फिल्मवर स्थिर असतात. फिल्मचा पट्टा एकसारख्या वेगाने फिरत असतो व त्यावरील प्रतिमा एकामागून एक आपल्या डोळ्यांच्या पडद्यांवर उमटत असतात. त्याचा एकत्रित परिणाम होऊन ती चित्रे आपणांस हालताना दिसतात.

सोबत दिलेल्या चित्रात दहा आकृत्या काढल्या आहेत. प्रत्येक आकृतीत थोडा थोडा फरक आहे. एक जाड पुस्तक किंवा लेटरबुक घेऊन त्याच्यावरील उजव्या कोपऱ्यात पहिली आकृती काढा. पान दोनवर त्याच ठिकाणी दुसरी आकृती काढा. पान तीनवर तिसरी आकृती काढा. अशा प्रकारे दहा पानांवर दहा आकृत्या काढा. अकराव्या पानावर पुन्हा पहिली आकृती काढा. बाराव्या पानावर दुसरी आकृती काढा. ह्याच क्रमाने तीस पानांवर ह्या आकृत्या काढा. ही चित्रे काढून झाल्यावर, पुस्तक बंद करून टेबलावर ठेवा व त्याचे कोपरे धरून भराभर सोडा. जितक्या वेगाने कोपरे सुटतील, तितक्या वेगाने आपण काढलेली आकृती हालचाल करते आहे, असे दिसेल.

वरील तत्त्वाचा उपयोग करून उड्या मारणारा ससा, धावणारा कुत्रा, उडणारा पक्षी अशी चित्रे तयार करता येतील.

डोळ्याच्या पडद्यावर उमटलेली प्रतिमा १/१० सेकंद टिकते व एका सेकंदात अशी दहा ते सोळा चित्रे डोळ्याच्या पडद्यावर उमटली, तर त्या सर्वांचा एकत्रित परिणाम होऊन ती चित्रे हालचाल करताना दिसतात.

स्लाईड प्रोजेक्टर

निरनिराळ्या विषयांच्या पारदर्शक स्लाईड्स पडद्यावर याच्या साहाय्याने मोठ्या उमटविता येतात. त्याला फार खर्चही येत नाही.

साहित्य :- पुठ्ठ्याची दोन खोकी, एक बहिर्गोल भिंग, स्लाईड, १०० वॅटचा बल्ब, होल्डर, स्विच.

कृती :- एका पुठ्ठ्याच्या खोक्यात मध्यभागी होल्डर व बल्ब पक्का करावा. तो चालू-बंद करण्यासाठी त्याच्या बाहेर स्विच लावावा. खोक्याला एका बाजूने ६सें.मी. × ६सें.मी. चे चौकोनी छिद्र पाडावे. हे आपले लाईट हाऊस तयार झाले.

दुसरे एक खोके घेऊन त्याला एका बाजूने ५सें.मी. × ५सें.मी. आकाराचे छिद्र पाडावे. तेथे आपण स्लाईड ठेवणार आहोत. स्लाईड सरळ उभी राहण्यासाठी त्या छिद्राला तारेचे तीन आधार बसवा. त्याच खोक्याला समोरच्या बाजूने बहिर्गोल भिंगाच्या परिघापेक्षा किंचित मोठे गोल छिद्र पाडावे.

बहिर्गोल भिंग घेऊन ते एका पुठ्ठ्याच्या नळकांड्यात उभे बसवावे. ते पडू नये, म्हणून त्याच्या परिघाजवळ आधार द्यावा. हे नळकांडे पुठ्ठ्याच्या खोक्याच्या गोल छिद्रात बसवावे. ते सहज मागे-पुढे सरकविता

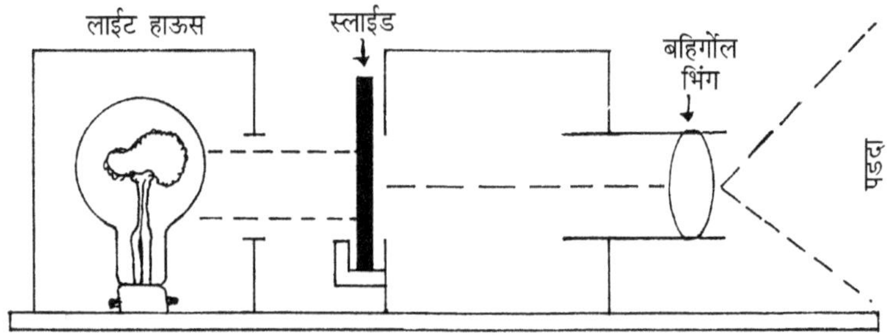

आले पाहिजे. इतके झाल्यावर लाईट हाऊसचे खोके व स्लाईडचे खोके समोरासमोर ठेवावे. (आकृती पाहा.)

स्लाईड ठेवण्याच्या छिद्रात स्लाईड उलटी ठेवावी. लाईट हाऊसमधील बल्ब चालू करावा. बल्बचा प्रकाश स्लाईडमधून बहिर्गोल भिंगावर पडतो व तेथून मोठा होऊन समोरच्या पडद्यावर पडतो. पडद्याकरता पांढरे चौकोनी कापड, कागद किंवा पांढरी भिंत चालेल. पडद्यावर पडणारी प्रतिमा जर पुसट असेल, तर भिंगाचे नळकांडे मागे-पुढे करून स्पष्ट करता येईल. हे संपूर्ण यंत्र स्लाईड प्रोजेक्टर म्हणून ओळखले जाते. पडद्यापासून प्रोजेक्टर जसजसा दूर न्यावा, तसतशी प्रतिमा मोठी होत जाते.

दूरदर्शक (दुर्बीण)

दूरच्या वस्तू जवळ दिसण्यासाठी ह्याचा उपयोग करता येतो.

साहित्य :- लांब केंद्रान्तराचे बहिर्गोल भिंग, कमी केंद्रान्तराचे बहिर्गोल भिंग.

कृती :- एकात एक मागे-पुढे सरकू शकणारी पुठ्ठ्याची दोन नळकांडी घेऊन एका नळकांड्यात लांब केंद्रान्तराचे भिंग पक्के करा. दुसऱ्या नळकांड्यात कमी केंद्रान्तराचे भिंग पक्के बसवा. दोन्ही नळकांडी एकात एक बसवा. कमी केंद्रान्तराच्या भिंगाचे तोंड दूर उभ्या असलेल्या व्यक्तीकडे करा. नळकांडे मागे-पुढे सरकवून प्रतिमा स्पष्ट करा. दूरच्या व्यक्तीची उलटी प्रतिमा अगदी जवळ असल्याप्रमाणे दिसेल.

डोळ्याजवळचे बहिर्गोल भिंग काढून तेथे अंतर्गोल भिंग वापरल्यास सरळ प्रतिमा जवळ दिसेल. दूरचा डोंगर, झाडे, पक्षी, खेळाचे सामने वगैरे पाहण्यासाठी तुम्हांला ह्याचा उपयोग करता येईल.

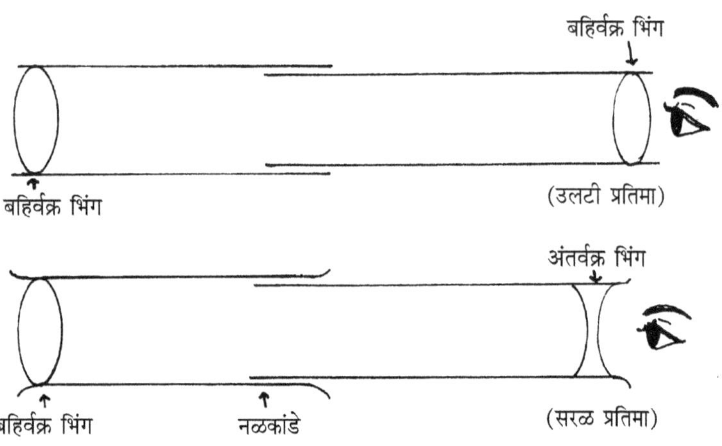

पाण्याचा सूक्ष्मदर्शी

साहित्य :- पुठ्ठ्याचे लहान खोके, एक चौकोनी पारदर्शक काच, छोटा आरसा, लोखंडी पट्टी.

कृती :- पुठ्ठ्याच्या खोक्याचा समोरचा भाग काढून घ्यावा व त्याच्या आतमध्ये छोटा आरसा आकृतीत दाखविल्याप्रमाणे तिरपा ठेवावा. तो तिरपा राहण्यासाठी त्याला एक लहान लाकडी ठोकळा टेकू म्हणून लावावा. पुठ्ठ्याच्या खोक्याला वरच्या बाजूने चौकोनी छिद्र पाडावे. ह्या छिद्रावर चौकोनी पारदर्शक काच ठेवावी. एका लोखंडी पट्टीला मध्यभागी तीन मिलीमीटर व्यासाचे गोल छिद्र पाडावे. पट्टीच्या दोन्हीकडील बाजू मुडपून आकृतीत दाखविल्याप्रमाणे घोडा तयार करा. ज्या सूक्ष्म पदार्थाचे निरीक्षण करायचे, तो पदार्थ सपाट पारदर्शक काचेच्या मध्यभागी ठेवावा. आरसा फिरवून प्रकाशकिरणे त्या पदार्थावर पडतील असे करावे. त्यासाठी खोक्याचे उघडे तोंड खिडकीकडे करावे लागेल.

नंतर लोखंडी पट्टीचा घोडा त्या काचेवर ठेवावा. पट्टीचे छिद्र पदार्थाच्या सरळ वर आले पाहिजे. नंतर एका ड्रॉपरने पाण्याचा एक थेंब पट्टीच्या छिद्रावर सोडावा. तो त्या छिद्रात अडकून त्याचे बहिर्गोल भिंग तयार होईल. या भिंगातून आपण काचेवर ठेवलेल्या सूक्ष्म पदार्थाची मोठी प्रतिमा पाहू शकतो व त्याचे निरीक्षण करू शकतो.

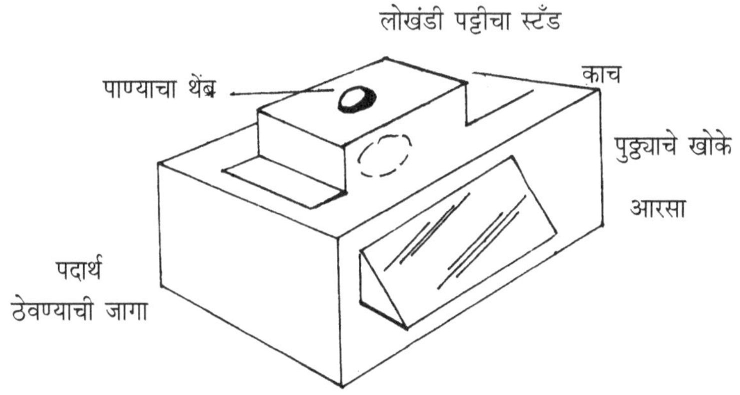

एपिस्कोप

स्लाईड प्रोजेक्टरमधून फक्त पारदर्शक चित्रे आपण पडद्यावर प्रक्षेपित करू शकतो. पण एपिस्कोपमधून रंगीत अपारदर्शक चित्रे, आराखडे किंवा एखाद्या गोष्टीची चित्रमालिका आपण पडद्यावर प्रक्षेपित करू शकतो. त्याला साहित्यसुद्धा फारसे लागत नाही.

साहित्य :- पुठ्ठ्याचे एक खोके, बहिर्गोल भिंग, दोन बल्ब, वायर, स्विच, छापील रंगीत चित्रे.

कृती :- बहिर्गोल भिंग बसेल, असे पुठ्ठ्याचे नळकांडे तयार करा व त्याच्यात भिंग पक्के करा. हे नळकांडे बसेल, असे गोल छिद्र खोक्याला एका बाजूने पाडा व त्यात नळकांडे बसवा. ह्या छिद्राच्या विरुद्ध बाजूला खोक्याला चौकोनी छिद्र पाडा. येथे आपण रंगीत चित्र उलटे ठेवणार आहोत. चित्राची बाजू नळकांड्याकडे तोंड करणारी असावी. नळकांड्याच्या दोन बाजूंना खोक्याला आतून दोन होल्डर पक्के करा व त्यांत ४० वॅटचे दोन बल्ब बसवा. होल्डरची वायर एका

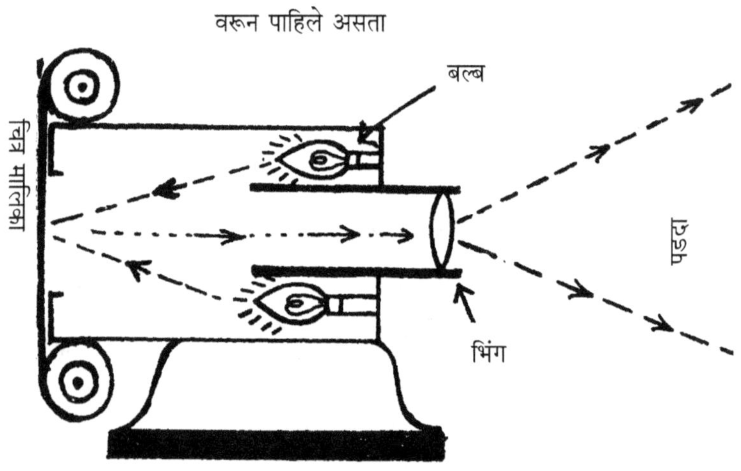

स्विचला जोडा. स्विच चालू केल्यावर दोन्ही बल्ब एकदम लागावयास
पाहिजेत.

पूर्ण उपकरण पांढऱ्या भिंतीसमोर ठेवा. चौकोनी छिद्रात रंगीत
चित्र उलटे ठेवा. बल्ब चालू करा. बल्बचा प्रकाश रंगीत चित्रावर पडतो
व चित्र प्रकाशित होते. चित्रावरील प्रकाश बहिर्गोल भिंगातून समोरच्या
पांढऱ्या भिंतीवर पडतो. भिंगाचे नळकांडे मागे-पुढे सरकवून भिंतीवरील
चित्राची प्रतिमा स्पष्ट करता येते.

दक्षता :- बल्बमधून निघणारा प्रकाश सरळ नळकांड्यात जाऊ
नये. तो चित्रावरून परावर्तित होऊन भिंगावर पडला पाहिजे.

खोक्याच्या दोन बाजूंना दोन भिंगग्या बसवून त्यांवर चित्रमालिकेची
गुंडाळी ठेवता येईल व छोट्याशा हँडलने ती हळूहळू सरकविता येईल.

वक्रीभवनाची जादू

साहित्य :- एक पसरट व एक उभट असे दोन डबे, रबराची नळी, नाणे.

कृती :- दोन्ही डब्यांची झाकणे काढून टाका. उभट डब्याला खालच्या बाजूला रबरी नळी घट्ट बसेल, असे छिद्र पाडा. पसरट डब्याच्या तळाला तसेच छिद्र पाडा. दोन्ही डबे रबरी नळीने एकमेकांना जोडा.

पसरट डबा टेबलावर ठेवा व उभट डबा टेबलाच्या पातळीखाली धरा व त्यात पाणी भरा. सध्या तो खालीच राहू द्या. पसरट डब्यात एक नाणे टाका. ते जेथून दिसणार नाही, अशा ठिकाणी उभे राहा, असे तुमच्या मित्राला सांगा. नंतर उभट डबा हळूहळू वर उचला. त्यामुळे त्यातील पाणी नळीतून पसरट डब्यात येईल. पुरेसे पाणी आल्यावर तुमच्या मित्राला ते नाणे दिसू लागेल. पुन्हा उभट डबा खाली नेला, तर पसरट डब्यातील सर्व पाणी खालच्या डब्यात जाईल व तुमच्या मित्राला नाणे दिसणार नाही.

अशा प्रकारे पाण्याने भरलेला डबा वर-खाली करून तुम्हांला दिसणारे नाणे अदृश्य व प्रगट करता येईल.

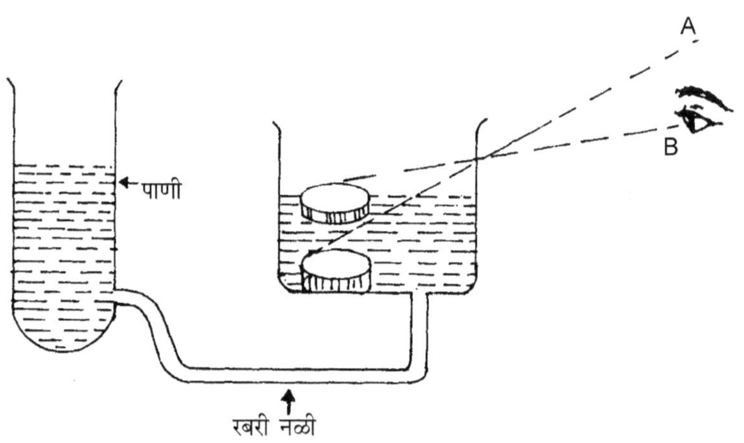

घर्षणाने चुंबक बनविणे

चुंबकत्व व विद्युत यांच्या उपकरणात नेहमी चुंबकसुई व चुंबक-ब्लेड यांचा उपयोग होतो. त्यासाठी घर्षणाने सुई किंवा कोणत्याही पोलादी वस्तूत चुंबकत्व कसे आणता येईल, ते पाहू.

साहित्य :- एक प्रबळ चुंबक, मोठी सुई.

कृती :- प्रथम सुई टेबलावर एका टोकाकडून दाबून ठेवावी. प्रबळ चुंबकाचा उत्तर ध्रुव सुईच्या नेढ्यावर टेकवून हळूहळू ओढत टोकाकडे न्यावा. तेथून वर उचलावा व पुन्हा नेढ्याकडून टोकाकडे घासत न्यावा. ही क्रिया १००-१५० वेळा केल्यास सुईमध्ये चांगले चुंबकत्व येते. चुंबकाचे उत्तर ध्रुवाचे टोक घासत नेल्यामुळे सुईतील सर्व दक्षिण ध्रुव सुईच्या टोकात जमा होतात व तेथे दक्षिण ध्रुव तयार होतो व नेढ्यामध्ये उत्तर ध्रुव तयार होतो.

ही सुई बिनपिळाच्या दोऱ्याने टांगली असता उत्तर-दक्षिण स्थिर होते.

याच पद्धतीने वापरलेल्या दाढीच्या पात्यात चुंबकत्व आणता येते.

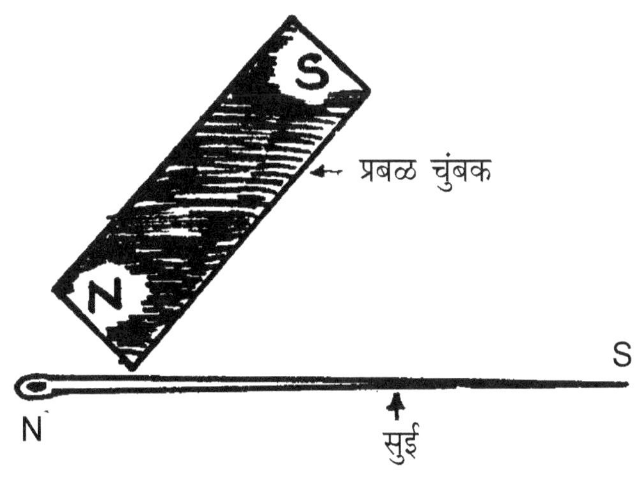

चुंबक भिंगरी

दोन इंच लांबीची तार घ्या. छत्रीच्या काडीचा तुकडा चालेल. त्याचे एक टोक कानशीने घासून टोकदार करा. एक प्रबळ चुंबक घेऊन त्याला एकस्पर्श पद्धतीने चुंबक बनवा. पुठ्ठ्याची दोन इंच व्यासाची गोल चकती घेऊन, तिच्या मध्यभागी छिद्र पाडून, त्यात चुंबक बनविलेली तार बसवा. लाखेचे थेंब टाकून पक्की करा. म्हणजे आपली भिंगरी तयार होईल.

बारीक लोखंडी तारांचे किंवा लोखंडी पातळ पत्र्याचे चंद्र, सूर्य, चांदणी, सर्प यांचे आकार तयार करा. गुळगुळीत फरशीवर किंवा काचेवर भिंगरी फिरवा. तिच्या खालील टोकाजवळ आपण तयार केलेला तारेचा आकार सोडा. तारेचा आकार भिंगरीच्या टोकाभोवती गमतीदार पद्धतीने फिरू लागतो. जोपर्यंत भिंगरी चालू आहे, तोपर्यंत आकार उलटा-सीधा फिरत राहतो.

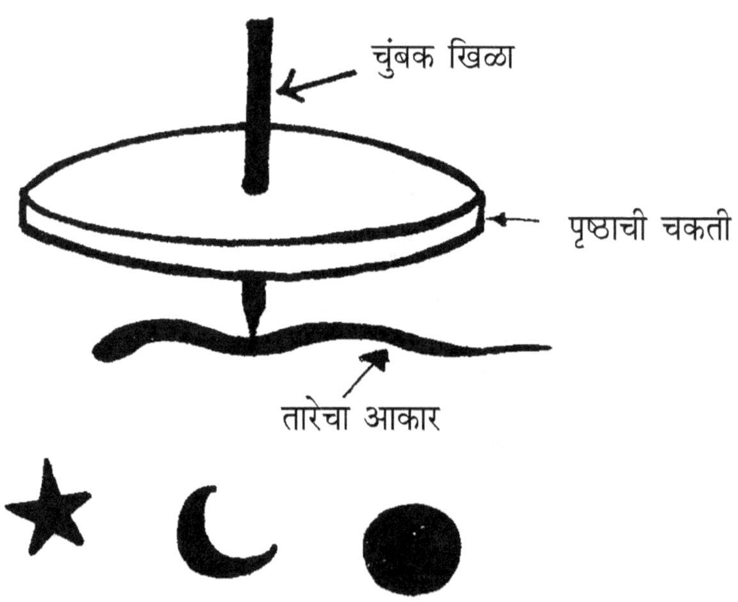

होकायंत्र

अथांग समुद्रात, आकाशात किंवा गडद अंधारात दिशा समजण्यासाठी होकायंत्राचा उपयोग करतात, हे आपण शाळेत शिकतो. तसेच होकायंत्र आज आपण तयार करू.

साहित्य :- दाढीचे ब्लेड, जाड सुई, इंजेक्शनच्या अँपुलचे टोक, प्लॅस्टिकचा एक छोटा पेला किंवा वाटी, सेंच्युरी पेपर, इत्यादी.

कृती :- प्रथम एखाद्या प्रबळ चुंबकाने एकस्पर्श पद्धतीने घासून ब्लेडमध्ये चुंबकत्व आणा. नंतर अँपुलचे टोक ब्लेडच्या छिद्रात बसवा.

प्लॅस्टिकच्या पेल्यात चिकणमातीचा गोळा बसवा व त्यात जाड सुई उभी खोचा. सुईच्या टोकावर अँपुलचे टोक येईल, असे ठेवा. अँपुलच्या गुळगुळीतपणामुळे ब्लेड सुईभोवती मोकळेपणाने फिरू शकेल. ते स्थिर झाल्यावर दक्षिण-उत्तर दिशा दाखवील. त्यावर खूण करून ठेवा.

ब्लेडएवढेच एक कागदाचे वर्तुळ कापून ब्लेडवर चिकटवा व त्यावर उत्तर, दक्षिण, पूर्व, पश्चिम ह्या दिशा लिहा. हे वर्तुळ स्थिर झाल्यावर त्यावरील खुणा पाहून आपणांस दिशांचे ज्ञान होईल.

सुईची उंची कमी करून दिशांची चकती पेल्याच्या आतील भागात ठेवता येईल व पेल्याच्या तोंडावर पारदर्शक प्लॅस्टिकचा कागद बांधता येईल. त्यामुळे होकायंत्राच्या चकतीवर हवेचा परिणाम होणार नाही. ते अधिक चांगल्या पद्धतीने काम करेल.

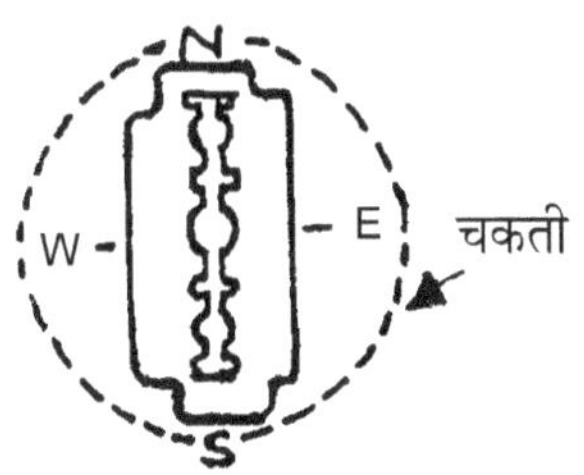

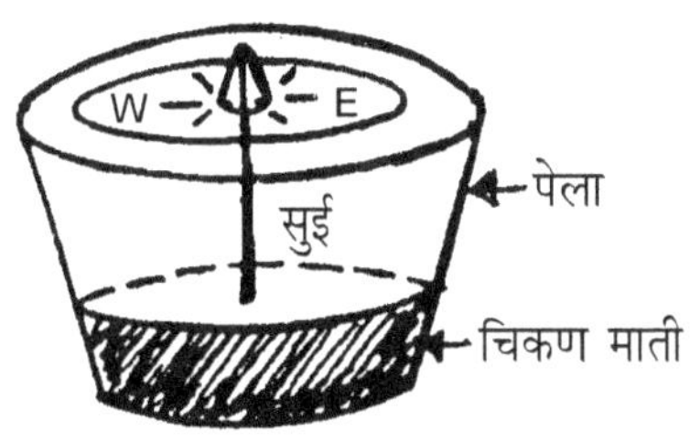

विद्युत-चुंबक तयार करणे

आजच्या विज्ञानयुगात जवळजवळ सर्वच यंत्रे विजेवर चालतात. ह्या यंत्रांत विद्युत-चुंबकाचा वापर केलेला असतो. आता आपण विद्युत-चुंबक कसा तयार करावयाचा, याची माहिती पाहू.

साहित्य :- दोन इंच लांबीचा एक लोखंडी नट-बोल्ट, टॉर्चचे २ सेल, इनॅमल्ड वायर (वाईंडिंग वायर), कागद वगैरे.

कृती :- प्रथम नट-बोल्टावर कागदाचे दोन-तीन वेढे गुंडाळून घ्या. त्यावर वाईंडिंग वायरचे १५० वेढे गुंडाळा. वायरचे पहिले व शेवटचे टोक बाहेर ठेवा. ह्या टोकांना ब्लेडने घासून वरील आवरण खरडून एक इंच भाग चकचकीत करा. नंतर ह्या दोन टोकांपैकी एक टोक सेलच्या पितळी टोपणास व एक टोक खालील बुडास लावा.

काही बारीक खिळे किंवा टाचण्या नट-बोल्टाजवळ आणा. त्या नटाला पक्क्या चिकटून बसतात. वायरचे टोक सेलपासून दूर केले, की टाचण्या गळून पडतात. म्हणजे जोपर्यंत विजेचा प्रवाह नट-बोल्टाभोवती फिरत असतो, तोपर्यंत त्यात चुंबकत्व असते. प्रवाह बंद झाला, की त्यात आलेले चुंबकत्व नाहीसे होते.

ह्या तत्त्वावर आधारलेली यंत्रे आपण नंतर तयार करू. मात्र ह्या प्रयोगासाठी टॉर्चचेच सेल वापरावे.

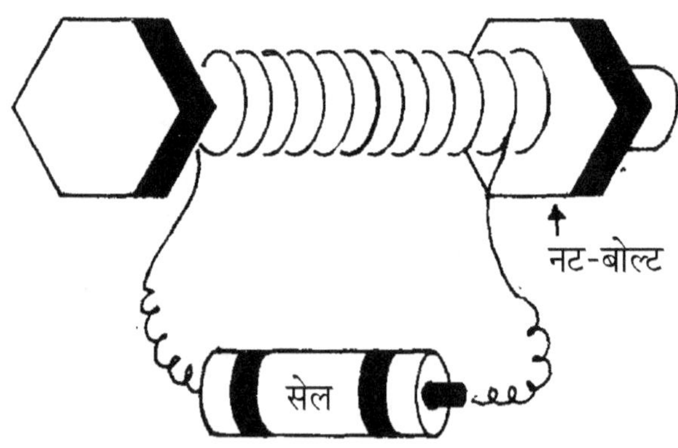

नाचणारी बाहुली

साहित्य :- प्लॅस्टिकची छोटी बाहुली, जाड तार, इलॅस्टिकचा दोरा, एक खिळा किंवा नट, विद्युत-चुंबक, पुठ्ठ्याचा डबा, वायर, सेल.

कृती :- आकृतीत दाखविल्याप्रमाणे जाड तारेचा स्टँड तयार करा. तो पुठ्ठ्याच्या डब्याला उभा पक्का करा. पुठ्ठ्याच्या डब्याच्या आत एक विद्युत-चुंबक बसवा. त्याची वायर बाहेर काढा.

प्लॅस्टिकच्या बाहुलीच्या दोन पायांत खिळा किंवा नट बसवा. इलॅस्टिकचा बारीक दोरा बाहुलीच्या डोक्याला चिकटवा व त्याचे एक टोक तारेच्या स्टँडला जोडा. त्यामुळे बाहुली स्टँडवर लटकत राहील. तिच्या पायांतील नटाचे अंतर डब्यापासून फार दूर नसावे. तसेच ते डब्याला टेकलेलेसुद्धा नसावे.

वायरचे टोक सेलला जोडताच विद्युत-चुंबक बाहुलीला खाली ओढतो व विद्युत-प्रवाह बंद करताच बाहुला इलॅस्टिकच्या दोऱ्यामुळे वर उडी मारते व हलत राहते. पुन्हा वायर जोडल्यास खाली येते व वायर सोडल्यास वर जाते. तिला ओढणारा विद्युत-चुंबक दिसत नसल्यामुळे तुमच्या मित्रांना बाहुली हालचाल कशी करते, हे कळणार नाही व हा खेळ दाखवून त्यांना चकित करता येईल.

आज्ञाधारक बदक

साहित्य :- प्लॅस्टिकचे पोकळ बदक, लहान लोखंडी वॉशर, प्लॅस्टिक किंवा ॲल्युमिनियमची थाळी, विद्युत-चुंबक, पाणी, सेल, इत्यादी.

कृती :- प्लॅस्टिकचे बदक घेऊन त्याच्या खालच्या बाजूला लोखंडी वॉशर दोऱ्याने घट्ट बांधा. त्यामुळे ते पाण्यात व्यवस्थित पोहू लागेल. ॲल्युमिनियम किंवा प्लॅस्टिकच्या थाळीत पाणी घ्या व त्यात बदक सोडा. एक पुठ्ठ्याचे खोके जमिनीवर ठेवा व त्यावर ही थाळी ठेवा.

एक विद्युत-चुंबक खोक्यात अशा रितीने ठेवा, की तो थाळीच्या बरोबर खाली येईल. ह्या चुंबकाच्या दोन वायर्स खोक्याच्या बाहेर काढा. त्यांतील एक वायर सेलच्या खालील टोकाला जोडा. दुसरे टोक सेलच्या वरील टोकाला जोडा व तोंडाने 'बुडी मार' अशी आज्ञा बदकाला करा. ते बदक ताबडतोब पाण्यात बुडी मारेल 'वर ये' असे म्हणताच सेलपासून वायर अलग करावी, म्हणजे बदक वर येऊन तरंगू लागेल.

यामागील तत्त्व असे, की सेलला वायर जोडताच विद्युत-चुंबक जागृत होतो व लोखंडी वॉशर लावलेल्या बदकाला खाली ओढून घेतो. प्रवाह बंद केल्यावर त्यातील चुंबकत्व नाहीसे झाल्यामुळे बदक वर येऊन पाण्यावर तरंगू लागते.

बदकांचा अबोला

साहित्य :- दाढीची वापरलेली दोन ब्लेड्स, प्लॅस्टिकची दोन पोकळ बदके, विद्युत-चुंबक, दोन सेल, पाण्याची ऑल्युमिनियमची थाळी, पुठ्ठ्याचे खोके, वायर, इत्यादी.

कृती :- पुठ्ठ्याच्या खोक्याला आतून वरच्या बाजूला टेकून एक विद्युत-चुंबक बसवा. त्याच्या वायर्स बाहेर काढा. ह्या खोक्यावर ऑल्युमिनियमची थाळी ठेवा व त्यात पाणी ओता.

दाढीचे ब्लेड घेऊन, त्याला प्रबळ चुंबकाने घासून त्यात चुंबकत्व आणा. अशा प्रकारे दोन्ही ब्लेड्समध्ये चुंबकत्व आणा. त्यांचे समान ध्रुव कोणते, ते ओळखून त्यांवर खुणा करा. हे ब्लेड बदकाच्या खालच्या भागाला दोऱ्याने बांधा. समजा, एका ब्लेडचा उत्तर ध्रुव बदकाच्या तोंडाकडे आहे. तसाच दुसऱ्या ब्लेडचा उत्तर ध्रुव दुसऱ्या बदकाच्या तोंडाकडे असावा. म्हणजे दक्षिण ध्रुव शेपटाकडे राहील.

विद्युत-चुंबकाच्या एका वायरला पुन्हा दोन वायरसचे तुकडे जोडा. त्यांतील एक वायर एका सेलच्या खालच्या भागाला जोडा व दुसरे टोक दुसऱ्या सेलच्या वरच्या भागाला जोडा. विद्युत-चुंबकाची दुसरी वायर मोकळी ठेवावी.

सेल जोडलेले नसताना ही दोन बदके एकामागे दुसरे अशी तरंगत राहतील. कारण उत्तर ध्रुव व दक्षिण ध्रुव एकमेकांना आकर्षून घेतात. त्यामुळे तरंगताना एकाच्या शेपटाकडे दुसऱ्याचे तोंड राहील.

विद्युत-चुंबकाची मोकळी वायर आपण एका सेलला जोडताच तीमध्ये चुंबकत्व येते. समजा, चुंबकाच्या वरील टोकावर दक्षिण ध्रुव तयार झाला. बदकाच्या तोंडाच्या बाजूला ब्लेडचा उत्तर ध्रुव आहे. त्यामुळे बदके विद्युत-चुंबकाकडे आपली तोंडे करून उभी राहतील. विद्युत-चुंबकाची मोकळी वायर पहिल्या सेलवरून काढून दुसऱ्या सेलला जोडली, तर विद्युत चुंबकाचा ध्रुव बदलून उत्तर ध्रुव तयार होईल. कारण हा सेल उलटा लावलेला आहे, त्यामुळे विद्युत-प्रवाह उलटा वाहतो. चुंबकाच्या वरील टोकात उत्तर ध्रुव तयार झाल्यामुळे

बदकाच्या शेपटीकडील दक्षिण ध्रुवाला आपल्याकडे ओढतो व दोन्ही बदके आपली तोंडे एकदम विरुद्ध बाजूला वळवितात. जणू काही त्यांनी अबोलाच धरला आहे. जोपर्यंत सेलला वायर टेकलेली आहे, तोपर्यंत त्यांचा अबोला मिटणार नाही. पण चुंबकाची वायर पुन्हा पहिल्या सेलला जोडली, तर ती एकमेकांकडे चोच करून तरंगतील व त्यांच्यातील अबोला मिटून जाईल. कोणताच सेल जोडला नाही, तर एकामागे एक आनंदाने तरंगू लागतील.

विजेच्या मंडळात बटन जोडणे

टॉर्चचे सेल व बल्ब वापरून, विजेचे मंडळ तयार करून, बल्बचा प्रकाश पाडता येतो. ह्या मंडळात बटन तयार करून कसे जोडावे, याची माहिती पाहू.

एका ३'' लांब व २'' रुंद लाकडी फळीवर एक लोखंडी पट्टी आकृतीत दाखविल्याप्रमाणे पक्की करा. पट्टीच्या वरच्या टोकाखाली लाकडी फळीवर एक खिळा उभा ठोका. पट्टीचे टोक खाली दाबले, की खिळ्यावर टेकले पाहिजे.

सेलच्या वरच्या टोकाला वायर जोडून, तिचे दुसरे टोक खिळ्याला जोडा. पट्टीला ठोकलेल्या खिळ्याला दुसरी वायर जोडून, तिचे दुसरे टोक बल्बच्या पितळी टोपणाला गुंडाळा. बल्बच्या खालील टोकाला जोडलेली वायर सेलच्या खालील भागाला जोडा.

पाटीवरील लोखंडी पट्टी खिळ्याला टेकेपर्यंत बोटाने दाबा. त्यामुळे सेलच्या वरच्या टोकातून निघालेला प्रवाह खिळ्यातून पट्टीत येतो व तेथून बल्बच्या पितळी टोपणातून बल्बमधील फिलॅमेंटमध्ये जाऊन खालच्या टोकातून सेलमध्ये परत येतो, विद्युत-मंडळ पूर्ण होते व बल्ब लागतो. पट्टीवरील बोट काढल्यास खिळ्यापासून पट्टी दूर होते व विद्युत-मंडळ खंडित होते व बल्ब विझतो. अशा प्रकारे पट्टी दाबून व सोडून बल्ब चालू-बंद करता येईल.

ही पट्टी बटनाचे काम करते. ह्या प्रयोगास टॉर्चचे सेल व बल्ब वापरावा.

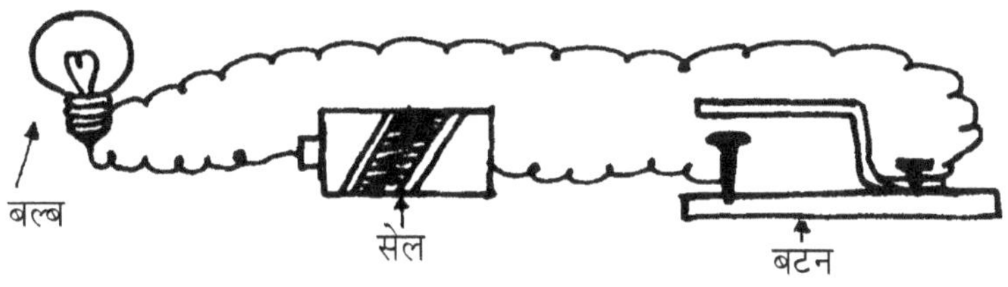

विद्युत घंटी

साहित्य :-पेन्सिलएवढ्या काचेच्या पोकळ नळीचा तीन सें.मी. लांब तुकडा, त्यात मागे-पुढे होईल, असा लोखंडी गोल खिळा, छोटी घंटी, वाईंडिंग वायर, सेल, लाकडी बैठक.

कृती :- काचेच्या नळीवर मध्यभागी वाईंडिंग वायर गुंडाळा. साधारणपणे १५० वेढे तरी द्यावेत. नंतर लाकडी बैठकीवर ही नळी उभी पक्की करावी. तिच्या खालच्या बाजूला छोटी घंटी बसवावी. नंतर नळीत गोल खिळा सोडावा. तो नळीतून निघून घंटीवर टेकेल. खिळा घंटीवर टेकलेला असताना त्याचे वरील टोक नळीवर गुंडाळलेल्या वेटोळ्याच्या मध्यबिंदूच्या थोडे खाली असावे. वायरच्या दोन टोकांना सेल जोडावा. जर खिळा नळीत ओढला गेला, तर आपले उपकरण बरोबर आहे, असे समजावे.

नंतर सेल काढून घ्यावा व वायरची दोन टोके सहा व्होल्टच्या A.C. ट्रान्सफॉर्मरला जोडावी. नळीतील खिळा जोराने वर-खाली होतो व प्रवाह चालू असेपर्यंत खालच्या बाजूला असलेल्या घंटीवर आपटत राहतो.

अशा प्रकारे ही घंटी कॉलबेल म्हणून उपयोगात आणता येते.

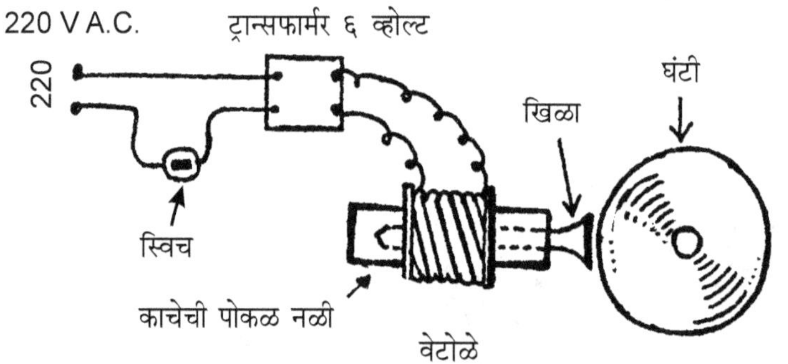

तारायंत्र

मागील प्रयोगात सांगितल्याप्रमाणे एका नट-बोल्टाचा विद्युत-चुंबक तयार करा. तो एका लाकडी फळीवर पक्का उभा करा. त्याच्या वरच्या टोकावर येईल, अशी पातळ पत्र्याची पट्टी लाकडी फळीवर पक्की करा. लोखंडी पट्टीचे टोक विद्युत-चुंबकाच्या अगदी जवळ असावे पण त्याला टेकू देऊ नये. विद्युत-चुंबकाच्या तारेची दोन टोके लांब वायर जोडून शेजारच्या खोलीत न्या. त्या ठिकाणी ती टॉर्चच्या सेलला जोडा. त्यामुळे नट-बोल्टात चुंबकत्व येते व त्याच्या टोकासमोरील पट्टी कट् असा आवाज करून चुंबकाला चिकटते. सेलपासून वायर दूर करताच चुंबकाला चिकटलेली पट्टी अलग होते. विद्युत-प्रवाह जितक्या लवकर चालू-बंद होईल, तितक्या लवकर पट्टी कट् कट् आवाज करून चुंबकावर आदळत राहते. हेच आपले तारायंत्र होय.

विद्युत-प्रवाह लवकर चालू-बंद करण्यासाठी आकृतीत दाखविल्याप्रमाणे लाकडी फळीवर लोखंडी पट्टी व खिळा ठोकून बटण तयार करता येईल. लोखंडी पट्टी खाली दाबताच विद्युत-मंडळ पूर्ण होईल. पट्टी सोडल्यास ती खिळ्यापासून दूर होईल व विद्युत-मंडळ खंडित होईल.

मात्र वरील प्रयोगासाठी टॉर्चचेच सेल वापरावे. इतर बॅटरी किंवा दुसरा कोणताच विजेचा प्रवाह वापरू नये. नाहीतर शॉक बसण्याचा धोका आहे.

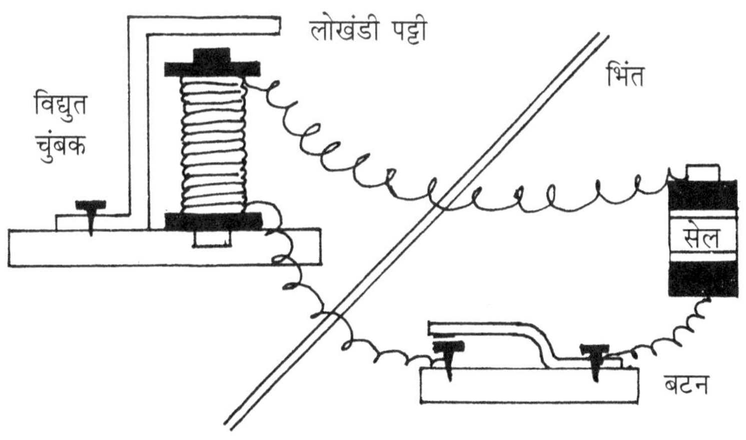

बझर

याआधी आपण तारायंत्र तयार केले. त्यात थोडा बदल करून बझर तयार करता येतो. ह्याचा उपयोग दारावरील घंटीप्रमाणे करता येईल.

साहित्य :- तारायंत्राप्रमाणेच एक विद्युत-चुंबक, लोखंडी पातळ पट्ट्या, लाकडी फळी, टॉर्चचे सेल, इत्यादी

कृती :- लाकडी फळीवर एक विद्युत-चुंबक बसवा. त्याच्यावर थोडे अंतर सोडून लोखंडी पट्टी बसवा. विद्युत-चुंबकाच्या तारेचे टोक पट्टीच्या खालच्या भागाला जोडा. एक तार घेऊन ती लाकडी फळीवर पक्की ठोका. दुसरे टोक वाकवून चुंबकासोरील लोखंडी पट्टीला स्पर्श करील, असे करा. ह्या तारेला सेलची वायर जोडा. विद्युत-चुंबकाच्या वायरचे दुसरे टोक सेलच्या समोरच्या टोकाला जोडा.

सेलमधून वीज चुंबकात येते, तेथून लोखंडी पट्टीत येते. तेथून त्याला टेकलेल्या जाड तारेत जाते व शेवटी सेलमध्ये येऊन विद्युत-मंडळ पूर्ण होते. त्यामुळे विद्युत-चुंबक जागृत होतो व त्याच्या समोरच्या लोखंडी पट्टीला ओढून घेतो. त्यामुळे ती पट्टी जाड तारेपासून अलग होते. वीजप्रवाह बंद होतो. पट्टी पुन्हा चुंबकापासून निघून तारेला येऊन टेकते. पुन्हा वीजप्रवाह चालू होतो. पुन्हा पट्टी खाली ओढली जाते. पट्टी वर-खाली होण्याची ही क्रिया फार वेगाने होते. त्या वेळी 'बझझ्' असा आवाज होतो. म्हणून याला बझर असे म्हणतात.

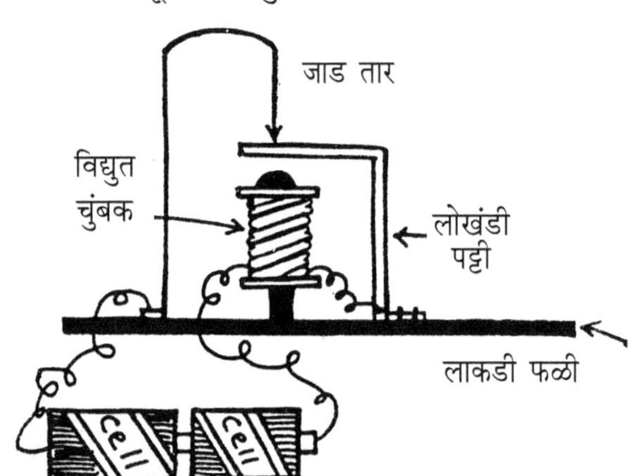

इलेक्ट्रिक हॉर्न

साहित्य :- एक विद्युत-चुंबक, लोखंडी पट्टी, पत्र्याचा पातळ डबा, (फेरेक्सचा रिकामा डबा चालेल), लाकडी फळी.

कृती :- लाकडी फळीवर फेरेक्सचा रिकामा डबा आडवा पक्का करावा. त्याचे झाकण काढून ठेवावे. लोखंडी पातळ पट्टीच्या एका टोकाला छोटा नट-बोल्ट पक्का करावा. ही पट्टी L प्रमाणे वाकवावी. नट-बोल्ट डब्याच्या बुडाला टेकेल, अशा रितीने ही पट्टी लाकडी फळीवर पक्की करावी.

विद्युत-चुंबक आडवा करावा व नट-बोल्टापासून किंचित अंतर ठेवून पक्का करावा. डब्याच्या बुडाचा मध्यबिंदू, नट-बोल्ट व विद्युत-चुंबक एकाच रेषेत असावे. ते तसे येण्यासाठी लाकडी ठोकळे त्यांच्या खाली ठेवावे.

वायर जोडताना सेल विद्युत-चुंबकाला जोडावा. चुंबकाची दुसरी वायर लोखंडी पट्टीला जोडावी. लोखंडी पट्टीचा नट-बोल्ट डब्याच्या बुडाला टेकलेला असतो. पट्टीतून प्रवाह डब्यात जातो. डब्याला बुडाशी एक वायर जोडून ती सेलच्या दुसऱ्या टोकाला जोडावी.

अशा प्रकारे विद्युत-मंडल पूर्ण होते व चुंबकासमोरील लोखंडी पट्टी वेगाने कंप पावते व डब्याच्या बुडावर वेगाने आपटते व ही क्रिया अतिशय वेगाने होत असल्यामुळे डब्यातून मोठा आवाज ऐकू येतो.

अशा प्रकारे आपला हॉर्न तयार झाला.

टेलिफोन

आपण दुसऱ्यांना टेलिफोनवर बोलताना बरेच वेळा पाहतो. त्याप्रमाणे आपणही बोलावे, असे आपणांस वाटत असेल. त्यासाठी अगदी सोप्या साधनापासून टेलिफोन तयार करता येईल. टेलिफोनमध्ये दोन भाग असतात. एक भाग बोलण्याचा व दुसरा ऐकण्याचा. ऐकण्यासाठी आपण रेडिओच्या छोट्या स्पीकरचा उपयोग करणार आहोत. बोलण्याच्या यंत्राला मायक्रोफोन म्हणतात. हा तयार करण्यासाठी जळलेल्या टॉर्चसेलमधील कार्बनच्या तीन कांड्या लागतात. दोन कांड्यांना टोकाकडून V च्या आकाराची खाच पाडा व एका कांडीला दोन्ही टोकांकडून गुळगुळीत टोके करा. मायक्रोफोनचा आकार लहान करण्यासाठी कांड्या अर्ध्या तोडून त्यांना आकार दिला, तरी चालेल. नंतर सिगारेटचे एक रिकामे पाकीट घेऊन, त्यात ह्या कांड्या आकृतीत दाखविल्याप्रमाणे बसवा. दोन्हींकडील खाचा असलेल्या कांड्या पक्क्या बांधून टाकल्या तरी चालतील पण त्या दोन्हींच्या मध्यात असलेली कांडी मात्र कोठेही टेकायला नको. ती खाचेत मोकळी फिरली पाहिजे, पण पडायला नको.

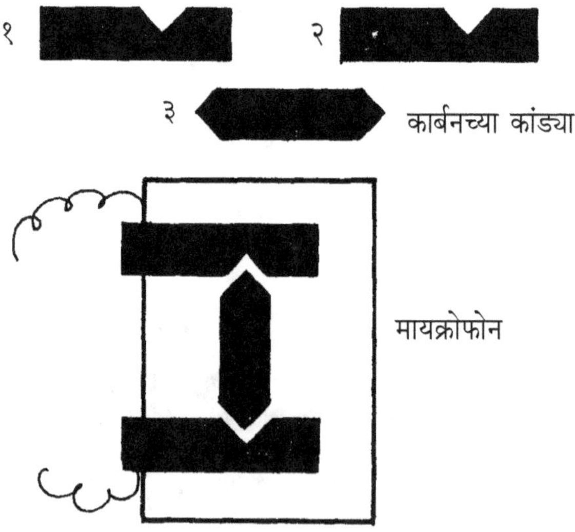

खाच असलेल्या दोन कांड्यांना दोन वायर्स लावा. त्यांतील एक वायर दुसऱ्या खोलीत असलेल्या स्पीकरला जोडा. दुसऱ्या वायरला टॉर्चचे दोन सेल लावा व सेलचे टोक स्पीकरच्या दुसऱ्या वायरला जोडा.

ह्या मायक्रोफोनवर आपण हळू बोललो, तरी स्पीकरमध्ये ते छान ऐकू येते.

असाच एक सेट तयार केला, तर तुमचा मित्र बोलेल, ते तुम्हांला ऐकू येईल.

अशा प्रकारे टेलिफोनवर बोलण्याचा व ऐकण्याचा आनंद तुम्हांला घेता येईल.

फिरणारे विमान

पातळ पुठ्ठ्याचे एक विमान तयार करा. गणपतीच्या चक्राची छोटी मोटार ह्या विमानाला खालच्या बाजूने बांधा. मोटारच्या दांड्याला सेंच्युरी पेपरचा पंखा तयार करून पक्का चिकटवा. पंख्याची पाती थोडी वाकवा.

एक जाड तार घ्या. त्याला 'V' प्रमाणे आकार द्या. तेथे एक बारीक खिळा दोऱ्याने उभा बांधा. वाकविलेल्या तारेच्या एका टोकाला विमान बांधा व दुसऱ्या टोकाला बारीक टॉर्चचा सेल बांधा. मधला खिळा बोटावर धरून जाड तार समतोल आहे की नाही, ते पाहा. समतोल नसल्यास एखादा नट दोऱ्याने बांधा.

वायरचे दोन तुकडे सेलला जोडा. ते निसटू नयेत, म्हणून त्यांवर रबर-बँड लावा.

एका लाकडी फळीवर लाकडी रुळाचा तुकडा उभा करा. त्याचा वरचा भाग गुळगुळीत करा. वरच्या बाजूने त्याला बारीक गड्डा पाडावा. ह्या गड्ड्यात आपल्या पूर्ण उपकरणाचा आधार असलेला खिळा ठेवा. मोटारपासून येणाऱ्या दोन वायर्स सेलच्या दोन वायर्सना जोडा.

मोटारीचा पंखा वेगात फिरू लागतो व विमान पुढे पुढे सरकू लागते. उभ्या खांबाभोवती विमान व सेल जोडलेली तार फिरू लागते.

अशा प्रकारे जोपर्यंत वायर्स जोडलेल्या आहेत, तोपर्यंत विमान खांबाभोवती फिरत राहते.

विमान थांबवायचे असल्यास वायर्स अलग कराव्यात.

विमान मागे मागे जात असेल, तर सेलच्या वायर्स उलट्या-पालट्या जोडाव्या किंवा पंख्याची पाती उलट दिशेने वाकवावी.

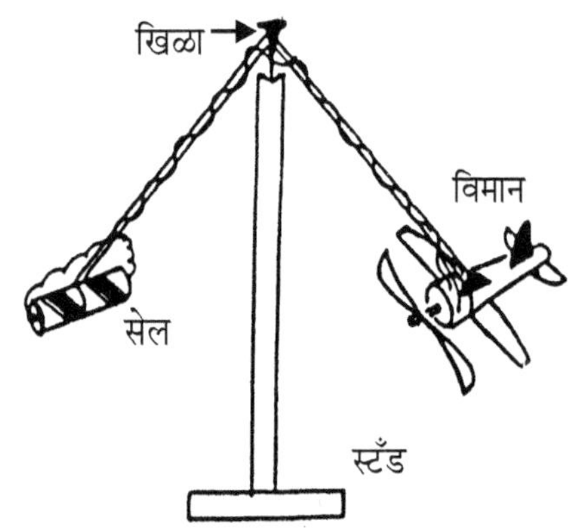

आकर्षित विद्युत-मोटार

साहित्य :- जाड पुठ्ठ्याची वर्तुळाकार चकती, आखूड पण जाड खिळे, गोल पेन्सिलचा दोन सें.मी. लांबीचा तुकडा, जाड सुई, लोखंडी पट्ट्या, विद्युत-चुंबक, लाकडी बैठक, तांब्याची उघडी तार, टॉर्च सेल, इत्यादी.

कृती :- पेन्सिलच्या तुकड्यातील शिसे काढून टाका व त्या छिद्रात सुई घट्ट बसवा. त्या तुकड्यावर समान अंतरावर सहा लांब खाचा पाडा. प्रत्येक खाचेत तांब्याच्या तारेचा तुकडा व्यवस्थित बसवा. सर्व तुकड्यांची टोके एकत्र पिळवटून सुईभोवती गुंडाळा. त्यामुळे ते खाचेतून निसटणार नाहीत.

सहा सें.मी. व्यासाची पुठ्ठ्याची चकती घेऊन तिच्या परिघावर सारख्या अंतरावर सहा खिळे पक्के बसवा. चकतीच्या मध्यभागी छिद्र पाडून, त्यात आपण पूर्वी तयार केलेला पेन्सिलचा तुकडा सुईसकट पक्का बसवा. हा आपल्या मोटारचा फिरणारा भाग तयार झाला.

पत्र्याच्या दोन पट्ट्या लाकडी बैठकीवर उभ्या करा व खिळ्याने पक्क्या करा. त्यांच्या वरच्या टोकांना छिद्रे पाडून त्यांत हा भाग सहज फिरेल असा ठेवा.

एका जाड नट-बोल्टवर वाईंडिंग वायरचे १५० वेढे देऊन विद्युत-चुंबक तयार करा. आपण बसविलेल्या चक्राच्या अगदी खालच्या बाजूला विद्युत-चुंबक किंचित अंतर ठेवून पक्का करा. तिच्या दुसऱ्या टोकाने पेन्सिलच्या वर असलेल्या तारांना घासत स्पर्श केला पाहिजे.

विद्युत-चुंबकाच्या भोवती गुंडाळलेल्या वायरचे एक टोक उभ्या लोखंडी पट्टीला जोडा व दुसरे टोक सेलला जोडा. सेलचे दुसरे टोक पेन्सिलला घासणाऱ्या तारेला जोडा.

अशा प्रकारे सेलमधून निघालेले विद्युत-प्रवाह उभ्या तारेतून पेन्सिलच्या भोवती असणाऱ्या तारेतून सुईत व तेथून उभ्या लोखंडी पट्टीत, तेथून विद्युत-चुंबकात व शेवटी सेलमध्ये येऊन विद्युत-मंडळ पूर्ण होते. त्यामुळे विद्युत-चुंबक जागृत होतो व चकतीच्या खिळ्याला आकर्षित

करतो. त्यामुळे चकती फिरते व तिच्याबरोबर पेन्सिलही फिरते. त्यामुळे उभ्या तारेचा पेन्सिलवरील तारेशी असणारा संबंध तुटतो व विद्युत-प्रवाह बंद होतो. त्यामुळे चुंबकाने ओढलेला खिळा चुंबकाजवळ न थांबता जडत्वामुळे पुढे निघून जातो त्याच वेळी पेन्सिलवरील दुसऱ्या तारेचा स्पर्श घासणाऱ्या तारेला होतो व पुढील खिळा पुन्हा चुंबकाकडे ओढला जातो. ही क्रिया सतत व एकसारखी होत असल्याने चकतीला एकसमान गती प्राप्त होते व आपली आकर्षित मोटार वेगाने फिरू लागते.

पेन्सिलचा तुकडा व चकती पक्की करताना दक्षता ही घ्यावी, की जेव्हा स्पर्श करणारी उभी तार पेन्सिलच्या तारेला टेकलेली असेल,त्या वेळी चकतीवरील खिळा चुंबकापासून दूर असावा. तो जर चुंबकाजवळ असेल तर चुंबक जागृत असल्यामुळे चुंबक त्याला ओढून धरेल व चकती फिरणार नाही.

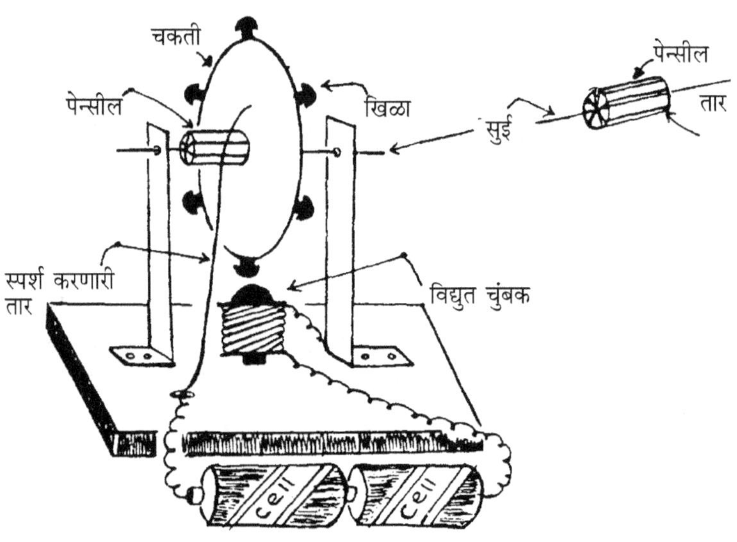

विद्युत मोटार

साहित्य :- बूच, पेन्सिलचा तुकडा, तीन जाड पण आखूड तारखिळे, मोठी सुई, दोन इंच लांबीचे दोन नट-बोल्ट, लोखंडी पट्टी, लाकडी बैठक, वाईंडिंग वायर, इत्यादी.

कृती :- विद्युत मोटारचे दोन भाग असतात. १. फिरणारा, २. स्थिर असणारा. प्रथम आपण फिरणारा भाग तयार करू. लाकडी बुचात सुई टोचून आरपार काढावी. पेन्सिलचा तुकडा घेऊन, त्यातील शिसे काढून तोसुद्धा बुचाशेजारी सुईत घालावा. पेन्सिलच्या परिघावर तीन पातळ धातूच्या पट्ट्या किंचित अंतर ठेवून दोऱ्याने बांधाव्या. बुचाला समान अंतरावर तीन तारखिळे पक्के टोचावे. ह्या खिळ्यांवर पातळ कागद गुंडाळावा व नंतर वाईंडिंग वायरचे शंभर वेढे द्यावे. गुंडाळताना घड्याळच्या काट्यांच्या दिशेने गुंडाळावे शंभर वेढे पूर्ण झाल्यावर थोडी वायर पीळ देऊन सोडावी. नंतर दुसऱ्या खिळ्यावर ह्याच दिशेने शंभर वेढे द्यावे. पुन्हा थोडी वायर पीळ देऊन सोडावी. पुन्हा तिसऱ्या खिळ्यावर ह्याच दिशेने शंभर वेढे द्यावे. वायरचे शेवटचे टोक व पहिले टोक यांना पीळ देऊन एक करावी. अशा प्रकारे पीळ दिलेली तीन टोके तयार झाली. ह्या तीन टोकांवरील आवरण ब्लेडने घासून काढून टाकावे व पेन्सिलच्या तुकड्यावरील तीन पट्ट्यांना त्याच क्रमाने डाग देऊन पक्क्या कराव्या. अशा प्रकारे आकृती B प्रमाणे फिरणारा भाग तयार होईल. आकृती A मध्ये वायर गुंडाळण्याची दिशा दाखविली आहे. एक लोखंडी पट्टी लाकडी बैठकीला उभी ठोकावी.

आता आपण मोटारीचा स्थिर भाग तयार करू. उभ्या लोखंडी पट्टीला नट-बोल्ट बसविण्यासाठी दोन छिद्रे पाडावी. नट-बोल्ट बसविल्यावर त्या दोघांच्या मध्ये फिरणारा भाग फिरू शकेल, एवढे अंतर त्या दोन छिद्रांत असावे. पट्टीला मध्यभागी सुई जाईल, एवढे छिद्र पाडावे. प्रत्येक नट-बोल्टवर वाईंडिंग वायरचे १५० वेढे गुंडाळावे. वायर गुंडाळताना एका नट-बोल्टवरील वेढे ज्या दिशेने असतील, त्याच्या विरुद्ध दिशा दुसऱ्या नट-बोल्टवरील असावी. त्यानंतर दोन्ही नट-बोल्ट लोखंडी पट्टीच्या

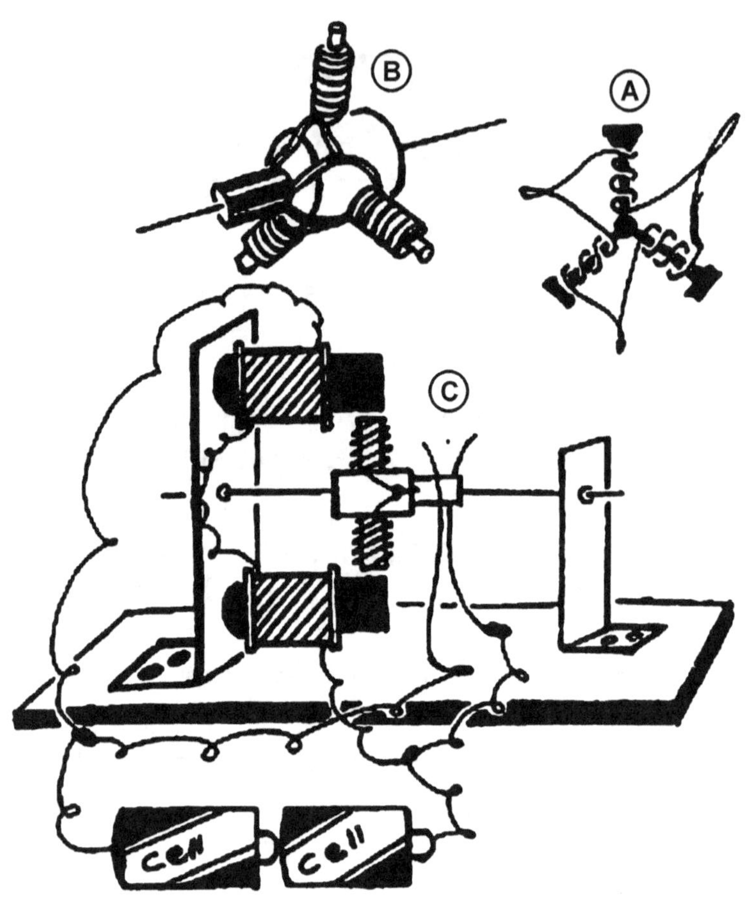

B
A
C
Cell
Cell

छिद्रांत पक्के करावे. पहिले व शेवटचे वायरचे टोक सेलला जोडून दोन्ही नटांमध्ये चुंबकत्व येते की नाही, ते पाहावे.

चुंबकत्व असल्यास आपली रचना बरोबर आहे.

पट्टीच्या मध्यभागच्या छिद्रात फिरणाऱ्या भागाची सुई घालावी. त्याच उंचीवर दुसरी पट्टी बैठकीवर ठोकावी. ह्या दोन पट्ट्यांच्या आधारावर फिरणारा भाग सहज फिरला पाहिजे. दोन नट-बोल्टांच्या उघड्या टोकांखाली फिरणाऱ्या भागाचे तीन खिळे येतील, अशा प्रकारे सुई सरकवून घ्यावी. दोन लवचीक तारा लाकडी फळीवर खिळ्याने ठोकाव्या. त्यांची उभी टोके पेन्सिलच्या तुकड्यावरील धातूच्या पट्ट्यांना घासतील, अशा तऱ्हेने वाकवावी. ह्या तारांचा खालील भाग सेलला जोडावा. स्थिर चुंबकाच्या दोन वायरससुद्धा सेलला जोडाव्या. त्यामुळे नट-बोल्टमध्ये चुंबकत्व येते. तसेच फिरणाऱ्या भागाच्या तीन खिळ्यांमध्ये चुंबकत्व येते. त्यातील विजातीय ध्रुव एकमेकांना जवळ ओढतात व सजातीय ध्रुव एकमेकांना दूर लोटतात. त्यामुळे मधला फिरणारा भाग जोराने फिरू लागतो व आपली मोटार सुरू होते.

दक्षता :-

१. वायर गुंडाळण्याच्या अगोदर लोखंडी खिळ्यावर कागदाचे दोन वेढे गुंडाळावे. म्हणजे वायरचा स्पर्श लोखंडाला होणार नाही व शॉर्ट सर्किट होणार नाही.

२. पेन्सिलच्या तुकड्यावरील धातूच्या पट्ट्यांना घासणाऱ्या उभ्या लवचीक तारा जास्त घट्ट असू नयेत. नाहीतर मोटार फिरणार नाही. त्या फक्त हलका स्पर्श करणाऱ्या असाव्यात.

३. खिळ्यावरील वायर गुंडाळण्याची दिशा एकच - म्हणजे घड्याळाच्या काट्यांची असावी.

४. नट-बोल्टवरील वायर्सची दिशा एकमेकांच्या विरुद्ध असावी.

५. पेन्सिलच्या तुकड्यावरील धातूच्या पट्ट्या चकचकीत असाव्यात.

विद्युत-जनित्र

पॉवर स्टेशनमध्ये जनित्र फिरवून वीज तयार करतात, असे आपण वाचतो पण प्रत्यक्ष आज तसे छोटे जनित्र तयार करू.

साहित्य :- जाड लोखंडी पट्टी, वाईंडिंग वायर, १.५ व्होल्टचा बल्ब व होल्डर, एक प्रबळ चुंबक, एक छोटे चाक.

कृती :- आकृतीत दाखविल्याप्रमाणे एक लाकडी स्टँड तयार करा. त्याला आडवे छिद्र पाडून त्यात एक जाड खिळा घाला. खिळ्याच्या एका टोकाला एक प्रबळ चुंबक बांधा. असे चुंबक जुन्या रेडिओच्या स्पीकरमध्ये किंवा बिघडलेल्या सायकल-डायनामोमध्ये सापडतील. खिळ्याच्या टोकाला रबरी बुचाचे चाक बसवावे.

चुंबकाच्या व्यासापेक्षा थोडे जास्त अंतर ठेवून लोखंडी पट्टी वाकवावी. (आकृती पाहा.) तिच्या मध्यभागी वाईंडिंग वायरचे १५० ते २०० वेढे द्यावे. वायरची दोन टोके होल्डरला जोडावी. होल्डरमध्ये १.५ व्होल्टचा बल्ब बसवावा. ही लोखंडी पट्टी चुंबकाच्या दोन्ही बाजूंना येईल, अशी लाकडी बैठकीवर पक्की करावी.

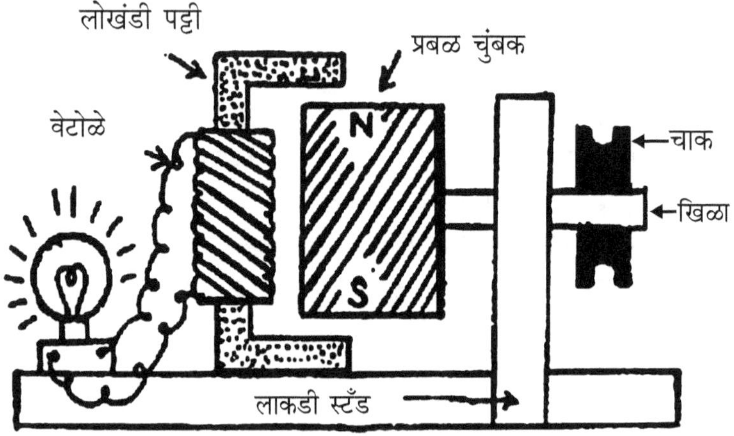

हे जनित्र उचलून सायकलच्या मागच्या चाकाला जनित्राचे रबरी चाक घासेल, असे ठेवावे. सायकलच्या चाकाबरोबर जनित्राचे चाक वेगाने फिरू लागेल व लोखंडी पट्टीच्या दोन टोकांत ठेवलेला प्रबळ चुंबक वेगाने फिरेल व त्यामुळे वाईंडिंग वायरच्या वेटोळ्यात विद्युत-प्रवाह तयार होऊन तो बल्बमध्ये जाईल व बल्ब प्रकाशमान होईल.

अशाच प्रकारे जलविद्युत-केंद्रात पाण्याच्या जोरावर चुंबक फिरवून वीज तयार करतात.

औष्णिक वीज केंद्रात वाफेच्या इंजिनाच्या साहाय्याने जनित्र फिरवून वीज तयार करतात.

स्थिर विद्युत-दर्शक

कंगवा केसांत फिरविला असता कड् कड् असा आवाज येतो. तो विद्युत तयार झाल्यामुळे येतो, असे म्हणतात. ही घर्षणविद्युत खरोखरीच तयार होते काय? कशावर काय घासल्याने ही तयार होते, हे पाहण्यासाठी आपण स्थिर विद्युत दर्शक तयार करू.

साहित्य :- रुंद तोंडाची बुचासहित मोठी शिशी (सलाईनची रिकामी शिशी), जाड तांब्याची तार

कृती :- सलाईनची शिशी घेऊन ती आतून पूर्ण कोरडी करा. तिच्या रबरी बुचातून जाड तांब्याची तार घाला. तांब्याची तार न मिळाल्यास लोखंडी तार चालेल. बुचाच्या वर आलेल्या तारेला गोल करा. बुचाच्या खाली आलेल्या तारेच्या टोकाचा आकार इंग्रजी 'U' प्रमाणे करा.

वायरमधील बारीक तार काढून तिचे दोन तुकडे करा. त्यांची लांबी एक इंचापेक्षा जास्त नसावी. तारेच्या एका टोकाला गोल कडी करा व दुसऱ्या टोकाला बारीक कागदाचा तुकडा डिंकाने चिकटवा. अशीच कृती दुसऱ्या तारेला करा. नंतर ह्या दोन्ही तारांच्या गोल कड्या बुचामधील जाड तारेच्या 'U' भागात ओवा. त्यात त्या अगदी मोकळ्या अशा अडकल्या पाहिजेत. नंतर तारेसहित बूच शिशीला घट्ट बसवा.

सुरुवातीला दोन्ही तारा एकमेकींजवळ राहतात. कंगवा केसांत चांगला फिरवून बुचाच्या वर असलेल्या तारेच्या टोकाजवळ आणल्यास कंगव्यावर तयार झालेली विद्युत तारेतून शिशीतील बारीक तारेत येते. दोन्ही तारांत एकच विद्युत गेल्यामुळे त्या एकमेकींना दूर लोटतात. त्यामुळे त्यांना जोडलेले कागदाचे तुकडेसुद्धा दूर जातात. अशा प्रकारे हा विद्युत-दर्शक एखाद्या पदार्थावरील विजेचे अस्तित्व दाखवितो.

काचेचा दांडा रेशमी कापडावर, लाखेचा दांडा लोकरीच्या कापडावर घासून वरील प्रयोग करता येईल.

कंगवा
रबरी बुच
जाड तार
बारीक तार
कागदाचे तुकडे

विद्युत-प्रवाह-दर्शक

एखाद्या सेलमध्ये प्रवाह आहे की नाही, हे पाहण्यासाठी याचा उपयोग करता येईल.

साहित्य :- एक मोठी सुई, एक लहान सुई, छोटेसे लाकडी बूच, विद्युत-चुंबक, पट्टीचा स्टँड, इत्यादी.

कृती:- मोठी सुई घेऊन तिला प्रबळ चुंबकाने घासून, तिच्यात भरपूर चुंबकत्व आणा. छोटी सुई बुचात आकृतीत दाखविल्याप्रमाणे टोचून आरपार काढा. नंतर त्या बुचाला चुंबक-सुई नेढ्याकडून टोचा.

पट्टीच्या स्टँडला सुईएवढी दोन छिद्रे पाडा. त्याच्या दोन भुजांत बूच येईल, अशा तऱ्हेने सुई घाला. चुंबक-सुई खालच्या बाजूला सहज लोंबकळत राहील. चुंबक-सुईच्या पाठीमागे किंचित अंतरावर एक जाड कागद लावून त्यावर अंक टाका.

चुंबक-सुईच्या खालच्या टोकासमोर येईल, अशा तऱ्हेने एक विद्युत-चुंबक स्टँडला पक्का करा. विद्युत-चुंबकाच्या दोन्ही वायर्स सेलला जोडण्यासाठी मोकळ्या ठेवा. विद्युत-चुंबक जागृत नसताना चुंबक-सुई कोठे स्थिर होते, ते पाहा. त्या ठिकाणी कागदावर ० हा अंक लिहा. नंतर वायरला सेल जोडा व चुंबक-सुई किती दूर जाते, ते पाहा. तेथे १ हा अंक लिहा. चुंबक-सुई जर विद्युत-चुंबकाकडे ओढली गेली, तर सेलच्या वायर्सची अदलाबदल करा. कारण प्रतिसारणानेच सेलची खरी शक्ती कळते. आता दोन सेल जोडा व सुई किती दूर जाते, ते पाहा व तेथे २ हा अंक लिहा. अशा

तऱ्हेने दोन अंकांतील अंतराचे लहान भाग करून आपणांस सेलमधून येणारा विद्युत-प्रवाह मोजता येईल किंवा सुईच्या हालचालीवरून विद्युत-प्रवाहाचे अस्तित्व कळून येईल.

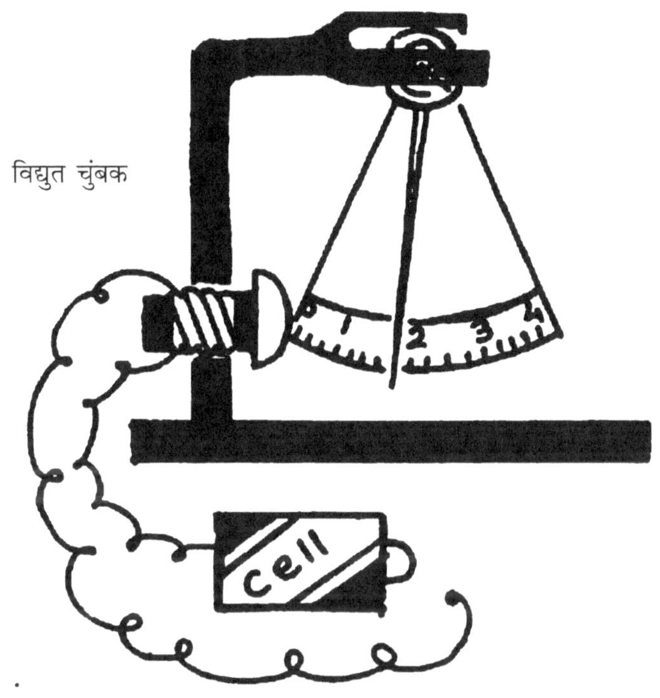

सोलर वॉटर-हिटर

वक्रनलिकेच्या तत्त्वावर हे उपकरण काम करते. त्यामुळे आपण जेव्हा गरम पाणी काढून घेतो, तेव्हा तितकेच थंड पाणी ह्या हीटरमध्ये आपोआप जाते व पाणी टाकण्याचे श्रम वाचतात व दिवसभर आपणांस गरम पाणी उपलब्ध होते.

साहित्य :- एक मीटर व्यासाचे दोन गोल लोखंडी पत्रे, अर्धा इंच व्यासाचे लहान-मोठे पाईपचे तुकडे, नळ, पूर्ण उपकरण उभे ठेवण्यासाठी पक्का असा आधार.

कृती :- दोन्ही पत्रे मध्यभागी खोलगट करून घ्यावे व आकृतीत दाखविल्याप्रमाणे दोन्ही खोलगट भाग एकाच दिशेने करून त्यांच्या परिघावर गॅस वेल्डिंगने पक्के करावे. एक पत्रा जास्त खोलगट असावा. तो वरच्या बाजूने ठेवावा. त्यामुळे दोन पत्र्यांच्या मध्ये पंधरा सें.मी. जागा राहावी. परिघाकडे ती कमी होत जाते व शेवटी पत्रे एकमेकांना मिळतात. ही छत्री तयार झाली.

खालच्या पत्र्याला मध्यभागी छिद्र पाडून त्यात लांब लोखंडी पाईप घालावा. पाईपचे आतील तोंड दुसऱ्या पत्र्यापासून थोडे दूर असावे. छत्रीच्या परिघाजवळ छिद्र पाडून तेथे आखूड पाईप घालावा. अशा प्रकारे व्यवस्था केल्यावर दोन्ही पाईप पत्र्याला वेल्डिंगने पक्के करावे. हे पूर्ण उपकरण हवेच्या दाबावर चालत असल्यामुळे पाईपशिवाय कोठूनच ह्यात हवा जायला नको. म्हणून वेल्डिंग झाल्यावर पूर्ण उपकरण वाताभेद्य आहे की नाही हे तपासून पाहावे. त्यानंतर पक्क्या आधारावर हे उपकरण उभे करावे. वरची छत्री, दोन्ही पाईप यांना काळा रंग द्यावा. कारण काळा रंग उष्णतेचा ग्राहक आहे. रंग वाळल्यावर लांब पाईपच्या टोकाला तोटी बसवावी.

तोटी बंद करून पूर्ण उपकरण उलटे करावे व लहान पाईपमधून पाणी टाकून ते पूर्ण पाण्याने भरावे. नंतर त्या पाईपच्या तोंडावर बोट ठेवून सरळ करावे व बोदलीतील पाण्यात बुडवावे. आधारावर पुन्हा पक्के करावे व संपूर्ण उपकरण उन्हात ठेवावे. उन्हामुळे छत्रीचा वरचा

भाग तापतो व तापलेले पाणी छत्रीच्या उंच मध्यभागी जमा होते. थंड पाण्याच्या बादलीपेक्षा गरम पाण्याची (तोटी असलेली) बादली खालच्या पातळीवर असते. त्यामुळे संपूर्ण उपकरण एक वक्रनलिकाच असते. तोटी सुरू केल्यावर गरम पाणी खालच्या बादलीत जमा होते व तितकेच थंड पाणी लहान पाईपातून छत्रीत वर चढते. तेथे ते पुन्हा गरम होते व लांब पाईपमधून खाली येते.

अशा प्रकारे ह्या उपकरणापासून दिवसभर गरम पाणी मिळू शकते.

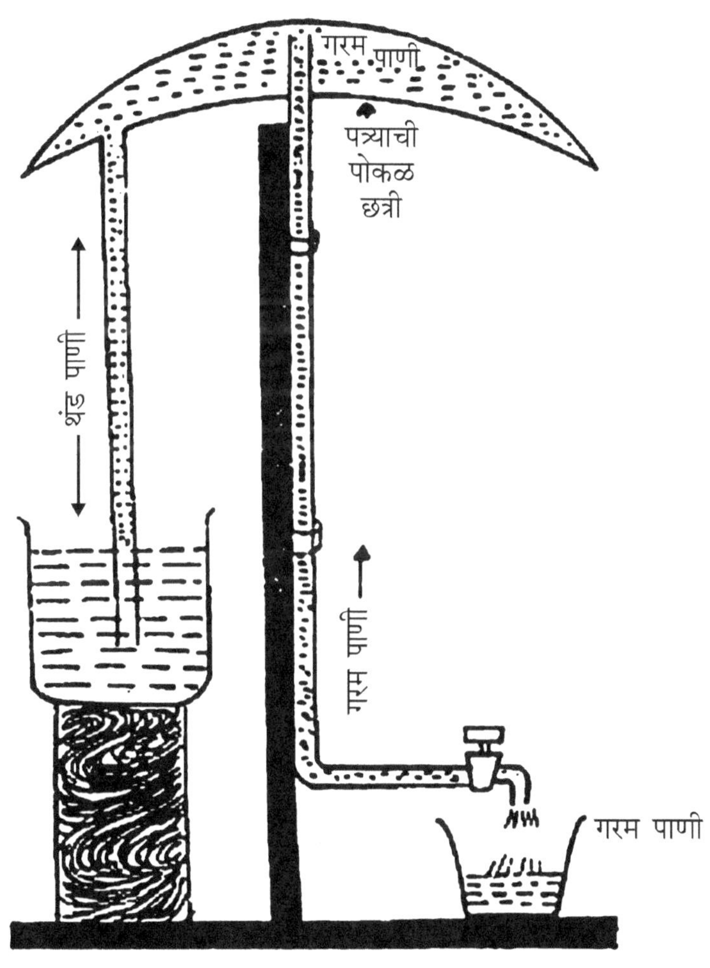

सौर-नाव

उन्हाळ्यात मोकळ्या जागी असलेल्या हौदात किंवा उन्हात ठेवलेल्या मोठ्या भांड्यातील पाण्यात ही नाव सूर्याच्या उष्णतेमुळे चालते, म्हणून आपण हिला सौर-नाव असे म्हणू.

साहित्य :- पत्र्याची मोठी नाव, आकृतीत दाखविल्याप्रमाणे पत्र्याची पोकळ छत्री, बारीक नळी वगैरे.

कृती :- पत्र्याच्या पोकळ छत्रीबाहेरून काळा रंग लावावा, म्हणजे ती चांगली उष्णता ग्रहण करू शकते. तिच्या वरच्या टोकाला छिद्र पाडून त्यातून तिच्यात पाणी भरावे. नंतर त्या छिद्रात रबरी नळी दाबून पक्की बसवावी. ही छत्री नावेत ठेवावी. नावेला पाठीमागच्या बाजूने बारीक छिद्र पाडावे व तिच्यातून ही नळी नावेच्या बाहेर काढावी.

नाव पाण्यात ठेवल्यावर ही नळी पाण्यात बुडली पाहिजे. उन्हामुळे पोकळ छत्रीतील पाण्याची वाफ होते व ती रबरी नळीतून येऊन बुडबुड्याप्रमाणे नावेच्या मागच्या बाजूने बाहेर पडते व नाव पुढे सरकू लागते. जोपर्यंत पोकळ छत्रीत पाणी आहे, तोपर्यंत नाव चालू राहते.

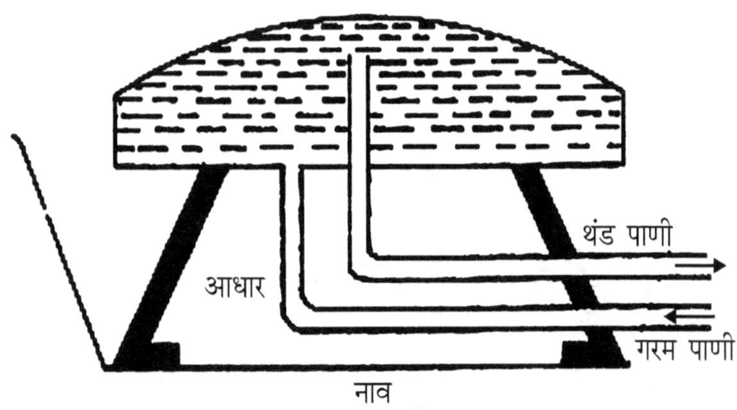

चार्जर तयार करणे

ह्या चार्जरचा उपयोग बॅटरी चार्ज करण्यासाठी होऊ शकतो. त्याचप्रमाणे २३० व्होल्ट उलटसुलट प्रवाहापासून सहा व्होल्ट एक्‌दिक् (D.C.) प्रवाह मिळविण्यासाठीसुद्धा होऊ शकतो.

साहित्य :- ८ व्होल्टचा ट्रान्सफॉर्मर, १ डायोड, वायर.

कृती :- ट्रान्सफॉर्मरला एका बाजूने दोन स्क्रू असतात व तेथे २३० व्होल्ट असे लिहिलेले असते. त्या ठिकाणी प्लगमधून येणाऱ्या दोन वायर्स जोडावयाच्या असतात. वायर जोडण्याच्या अगोदर वायरची पिन प्लगमधून बाहेर काढून ठेवावी व नंतरच जोडणी करावी.

ट्रान्सफॉर्मरच्या दुसऱ्या बाजूकडून तीन स्क्रू असतात. १ व २ जोडले तर ३ व्होल्टप्रवाह मिळतो. २ व ३ जोडले तर ६ व्होल्टप्रवाह मिळतो. १ व ३ जोडले तर ८ व्होल्टप्रवाह मिळतो. आपणांस ६ व्होल्टप्रवाह पाहिजे, म्हणजे २ व ३ हे स्क्रू जोडू. यातून निघालेला प्रवाह उलटसुलट असतो. त्याचे रूपांतर एक्‌दिक् (D.C.) मध्ये करण्यासाठी एका वायरला आकृतीत दाखविल्याप्रमाणे डायोड जोडावा लागतो. हा डायोड रेडिओच्या दुरुस्तीच्या दुकानात मिळतो. डायोड न मिळाल्यास छोटे-छोटे रेक्टिफायर मिळतात. त्याच दुकानातून ते वायरला सॉल्डर (डाग देऊन) करून घ्यावे. अशा प्रकारे ज्या दोन वायर्स आपणांस मिळतात, त्यांच्या दोन टोकांत ६ व्होल्ट एक्‌दिक् (D.C.) प्रवाह असतो.

हा प्रवाह आपण बॅटरी चार्ज करण्यासाठी, छोटी मोटार फिरविण्यासाठी, विद्युत-चुंबकासाठी व इतर उपकरणे चालू करण्यासाठी वापरू शकतो.

विद्युत-घट तयार करणे (बॅटरी)

छोटे बल्ब लावण्यासाठी, छोटी मोटार सुरू करण्यासाठी तसेच चुंबक व विजेचे इतर प्रयोग करण्यासाठी हा घट उपयोगी पडतो व बरेच दिवस काम देतो.

साहित्य :- प्रयोगशाळेतील चंचुपात्र किंवा रुंद तोंडाची शिशी, तांब्याची पट्टी, जस्ताची पट्टी, मोरचूद, जस्ताचे सल्फेट, गंधकाम्ल, प्लॅस्टर ऑफ पॅरिस

कृती :- वरील सर्व साहित्य शाळेच्या प्रयोगशाळेत असते. मोरचूद, गंधकाम्ल हे विषारी पदार्थ असल्यामुळे आपल्या विज्ञान शिक्षकांच्या सूचनेप्रमाणे त्यांच्यासमोर ही कृती करावी.

जुने पोस्टकार्ड एखाद्या नळीप्रमाणे करून दोऱ्याने बांधून घ्यावे. हे नळकांडे रुंद तोंडाच्या काचेच्या शिशीत मध्यभागी उभे धरावे. प्लॅस्टर ऑफ पॅरिस व मोरचूद यात थोडे पाणी टाकून त्यांचा लगदा तयार करावा व तो ह्या नळीच्या बाहेरून भरावा व त्यात तांब्याची पट्टी उभी खोचावी.

जस्ताचे सल्फेट, प्लॅस्टर ऑफ पॅरिस व गंधकाम्ल यांचा लगदा करून तो नळीच्या आत भरावा व त्यात जस्ताची पट्टी उभी खोचावी. थोड्या वेळाने हे दोन्ही थर घट्ट होतात.

तांब्याच्या पट्टीला व जस्ताच्या पट्टीला दोन वायर्सचे तुकडे जोडावे. ह्या वायरच्या टोकांना १.५ व्होल्टचा बल्ब लावल्यास तो प्रकाशमान होईल किंवा १.५ व्होल्टची छोटी मोटार लावल्यास ती फिरू लागेल.

जास्त व्होल्टेज पाहिजे असल्यास असे चार घट तयार करावे व त्यांची जोडणी आकृतीत दाखविल्याप्रमाणे करावी. म्हणजे त्यापासून ६ व्होल्टचा वीजपुरवठा मिळू शकेल.

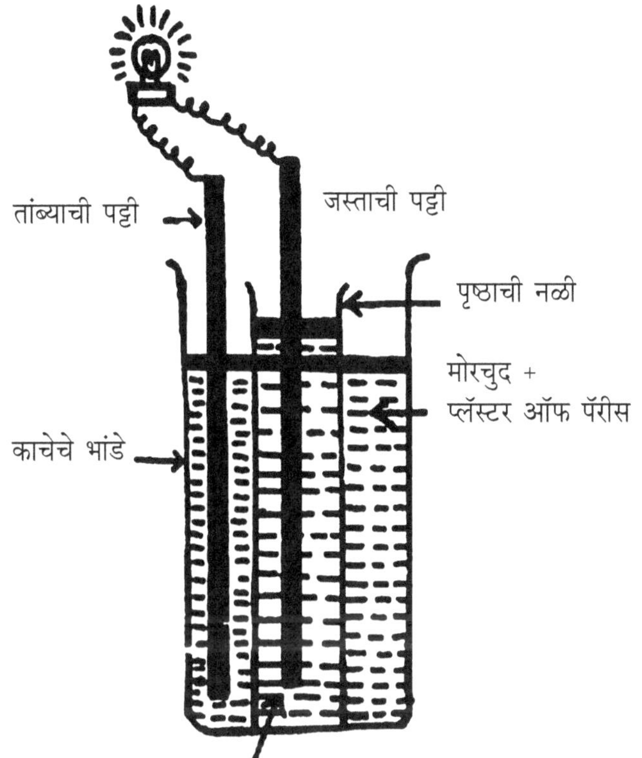

तांब्याची पट्टी
जस्ताची पट्टी
पृष्ठाची नळी
मोरचुद +
प्लॅस्टर ऑफ पॅरीस
काचेचे भांडे
जस्ताचे सल्फेट + प्लॅस्टर ऑफ पॅरीस + गंधकाम्ल

सौर-चक्री

सूर्याच्या उष्णतेवर चालणारे हे छोटे यंत्र आहे.

साहित्य :- पत्र्याची पोकळ छत्री, बारीक रबरी नळी (सायकलची व्हॉल्व्ह-ट्यूब चालेल), छोटीशी पत्र्याची किंवा प्लॅस्टिकची भिंगरी, लाकडी बैठक, पट्ट्या, खिळे, इत्यादी.

कृती :- आकृतीत दाखविल्याप्रमाणे पत्र्याच्या पोकळ छत्रीला बाहेरून काळा रंग द्यावा. छत्रीच्या वरच्या टोकाला छिद्र पाडून त्यातून पाणी भरावे व त्यात रबरी नळी पक्की बसवावी. लाकडी बैठक घेऊन तिच्यावर दोन पट्ट्या उभ्या ठोकाव्या व त्यांच्या वरच्या टोकांना छिद्रे पाडावी. ह्या छिद्रांत प्लॅस्टिकच्या भिंगरीचा आस घालावा. ही भिंगरी हलकी व फिरण्यास सुलभ असावी.

पत्र्याची छत्री लाकडी आधारावर बसवून उन्हात ठेवावी. बच्याच वेळाने छत्रीतील पाणी तापते व त्याची वाफ नळीतून बाहेर येऊ लागते. ह्या वाफेचा झोत भिंगरीच्या पात्यांवर सोडावा. म्हणजे भिंगरी वेगाने फिरू लागते.

अशा प्रकारे आपण सौरशक्तीवर यंत्र चालवू शकतो.

www.ingramcontent.com/pod-product-compliance
Lightning Source LLC
LaVergne TN
LVHW010654200726
843507LV00011B/1871